建筑职业技能培训教材

砌　筑　工

（技师　高级技师）

建设部人事教育司组织编写

中国建筑工业出版社

图书在版编目（CIP）数据

砌筑工（技师　高级技师）/建设部人事教育司组织
编写. —北京：中国建筑工业出版社，2005
（建筑职业技能培训教材）
ISBN 7-112-07648-X

Ⅰ. 砌… Ⅱ. 建… Ⅲ. ①砌筑-技术培训-教材
②砖石工-技术培训-教材 Ⅳ. TU754.1

中国版本图书馆 CIP 数据核字（2005）第 106693 号

建筑职业技能培训教材

砌 筑 工

（技师　高级技师）

建设部人事教育司组织编写

*

中国建筑工业出版社出版、发行（北京西郊百万庄）

新 华 书 店 经 销

霸州市振兴排版公司制版

北京市兴顺印刷厂印刷

*

开本：850×1168 毫米　1/32　印张：8¾　字数：234 千字

2005 年 11 月第一版　　2006 年 6 月第三次印刷

印数：7,001—12,000 册　　定价：**16.00** 元

ISBN 7－112－07648－X

（13602）

本社网址：http://www.cabp.com.cn

网上书店：http://www.china-building.com.cn

本书根据建设部最新颁布的《职业技能标准、职业技能鉴定规范和职业技能鉴定试题库》，由建设部人事教育司组织编写。本书主要内容包括：建筑识图与房屋构造、砌体工程材料及力学性能、砌砖工具与设备、砌砖工程、砌石工程、砌小型砌块工程、屋面瓦铺挂、地下管道排水工程施工、地面砖铺砌和乱石路面铺砌、墙体改革的途径与方向、古建筑的构造和砖瓦工艺、特殊季节砌筑、质量事故和安全事故的预防和处理、砌筑工程工料计算、班组管理知识、施工方案的选择等。

本书可作为砌筑工技师和高级技师培训教材，也可作为相关专业工程技术人员参考书。

* * *

责任编辑：朱首明　吉万旺

责任设计：董建平

责任校对：孙　爽　王雪竹

建设职业技能培训教材编审委员会

出 版 说 明

为贯彻落实《中共中央、国务院关于进一步加强人才工作的决定》精神，加快培养建设行业高技能人才，提高我国建筑施工技术水平和工程质量，我司在总结各地职业技能培训与鉴定工作经验的基础上，根据建设部颁发的木工等 16 个工种技师和 6 个工种高级技师的《职业技能标准、职业技能鉴定规范和职业技能鉴定试题库》组织编写了这套建筑职业技能培训教材。

本套教材包括《木工》（技师　高级技师）、《砌筑工》（技师　高级技师）、《抹灰工》（技师）、《钢筋工》（技师）、《架子工》（技师）、《防水工》（技师）、《通风工》（技师）、《工程电气设备安装调试工》（技师　高级技师）、《工程安装钳工》（技师）、《电焊工》（技师　高级技师）、《管道工》（技师　高级技师）、《安装起重工》（技师）、《工程机械修理工》（技师　高级技师）、《挖掘机驾驶员》（技师）、《推土铲运机驾驶员》（技师）、《塔式起重机驾驶员》（技师）共 16 册，并附有相应的培训计划和大纲与之配套。

本套教材的组织编写本着优化整体结构、精选核心内容、体现时代特征的原则，内容和体系力求反映建筑业的技术和发展水平，注重科学性、实用性、人文性，符合相应工种职业技能标准和职业技能鉴定规范的要求，符合现行规范、标准、新工艺和新技术的推广要求，是技术工人钻研业务、提高技能水平的实用读本，是培养建筑业高技能人才的必备教材。

本套教材既可作为建设职业技能岗位培训的教学用书，也可供高、中等职业院校实践教学使用。在使用过程中如有问题和建议，请及时函告我们。

建设部人事教育司

2005 年 9 月 7 日

前　言

本书根据建设部颁布的建设行业"职业技能标准"和"职业技能鉴定规范"以及"土木建筑职业技能培训大纲"而编写。

本教材还依据建设部颁布的《建筑工程施工质量验收统一标准》（GB 50300—2001）和《砌体工程施工质量验收规范》（GB 50203—2002）及其他有关国家现行的规范、标准和规程进行编写。其内容有技术理论知识，操作工艺与要点，工具与设备、特殊季节施工、砌筑工的施工方案、班组管理、质量事故与安全事故、工料计算以及古建筑的构造和工艺等。

本书根据建设行业的特点，具有很强的科学性、规范性、针对性、实用性和先进性。内容通俗易懂，适合建筑行业工人自学使用及职工技能鉴定和考核的培训。

教材编写时还参考了已出版的多种相关培训教材，对这些教材的编作者，一并表示谢意。

本教材由阚咏梅、李波编写，阚咏梅主编。徐进、徐峰山主审，并为本书稿提出了宝贵的修改意见，特此致谢。

在本书的编写过程中，虽经推敲核证，但限于编者的专业水平和实践经验，仍难免有不妥甚至疏漏之处，恳请各位同行提出宝贵意见，在此表示感谢。

目　　录

一、建筑识图与房屋构造

建造一座大楼或其他建筑工程，先要有一套设计好的施工图纸及其有关的标准图集和文字说明，这些图纸和文字把该建筑物的构造、规模、尺寸、标高等及选用的材料、设备、构配件表述得一清二楚，这就叫建筑施工图。将图纸上设计的东西通过精心组织，合理运作，变成实际的建筑物，这就是施工。要会施工首先必须会识图，就是建筑识图。识图也叫看图或叫读图。

（一）看懂一般建筑工程施工图

施工图是设计人员为某建筑工程施工阶段而设计筹划的技术资料，是建筑工程中用的一种能够十分正确表达建筑物的外形轮廓、大小尺寸、结构构造、使用材料和设备种类及施工方法的图样，是修建房屋的主要依据，具有法律文件的性质。施工人员必须按照图纸要求施工，不得任意更改。建造一栋房屋要有几张、几十张，甚至上百张的施工图纸。因此，建筑工人必须看懂施工图，领会设计意图，特别是与本工种有关的图纸，才能做到得心应手按图施工。

1. 建筑工程施工图的分类

（1）分类：建筑施工图可分为，总平面图、建筑施工图、结构施工图、水电暖通施工图、设备安装施工图。各专业图又分为基本图和详图两部分。基本图表明全局性的内容，详图表明某一构件或某一局部的详细尺寸和材料、作法等。

（2）总平面图：标出建筑物所在地理位置和周围环境。一般

1

标有建筑物的外形、轮廓尺寸、位置、坐标，±0.000 相当于绝对标高，建筑物周围的地物、原有建筑与道路，并标出拟建道路、水电暖通等地下管网和地上管线，以及方格网、坐标点、水准点等高线、指北针、风玫瑰等。该类图纸以"总施××"编号。

（3）施工图：简称"建施"。主要表示建筑物的外部形状、内部布置以及构造、装修和施工要求等。包括建筑物的平面图、立面图、剖面图和详图。

（4）结构施工图：简称"结施"。包括基础平面图和详图；各楼层和屋面结构平面图、柱、梁详图和其他楼梯、阳台、雨篷等构件详图。主要表示承重结构布置情况，构造方法、尺寸、标高、材料及施工要求等（砖混结构除地下砖墙由基础结构图表示外，室内地面以上的砖墙、砖柱均由建筑施工图表示）。

（5）水电暖通施工图：简称"水施"、"暖施"、"电施"、"通施"。该类图纸包括给水、排水、卫生设备、暖气管道和装置，电气线路和电器安装，以及通风管道等的平面图、透视图、系统图和安装大样图，表示各种管线的走向、规格、材料和作法等。

（6）设备安装施工图：简称"设施"。包括位置图、总装图、各部件安装图等。主要表示机器设备的安装位置、生产工艺流程、组装方法、调试程序等。一般用于工业建筑和实验室等房屋。

（7）图纸目录和设计说明：图纸目录也称"标题"或首页图，主要说明该工程的名称、图纸张数和图号，其目的是便于查找，通常以表格方式表示。设计说明主要是说明工程的概貌和总体要求，内容包括设计依据（水文、地质、气象资料）、设计标准（建筑标准、结构荷载等级、结构安全等级、抗震设防要求、采暖通风要求、照明动力标准）、施工要求（材料要求和施工要求等）或其他用图样无法表达和不宜表述的内容。图纸目录和设计总说明通常放在各类图纸的前面。

（8）砌筑工根据土建图纸规定的位置、尺寸、材料等进行砌体的砌筑，做屋面、砌窑井及化粪池，铺设下水管道等。同时根据建筑安装图所提供的资料，与其他专业和工种配合好，进行预留孔洞，预埋件和安排好工序搭接等工作。

2. 平面图、立面图、剖面图、详图

（1）平面图：平面图分为建筑总平面图和建筑平面图。建筑平面图是由一个假想水平面，沿略高于窗台的位置剖切建筑物，切面以下部分的水平投影图就是平面图。平面图的用途是作为在施工过程中放线、砌筑、安装门窗、作室内装修等的依据；也是编制工程预算和备料，作施工准备的依据，如图 1-1 所示。

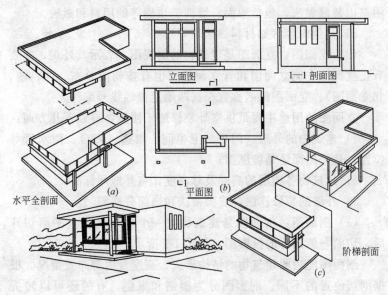

图 1-1　房屋平、立、剖面图示意

建筑平面图反映了以下 8 个方面的内容：

1）建筑物的尺寸，轴线间尺寸，建筑物外形尺寸，门窗洞口及墙体的尺寸，墙厚及柱子的平面尺寸等。

2）建筑物的形状，朝向以及各种房间、走廊、出入口，楼（电）梯、阳台等平面布置情况和相互关系。

3）建筑物地面标高，例如首层室内地面标出±0.000，其他像卫生间、楼梯间休息平台等均标出各自标高。高窗、预留孔洞及埋件等则分别标出窗台标高和中心标高。

4）门窗的种类，门窗洞口的位置，开启的方向、门窗及门窗过梁的编号。

5）剖切线位置，局部详图和标准配件的索引号和位置。

6）其他专业（加水、暖、电等）对土建要求设置的坑、台、槽、水池、电闸箱、消火栓、雨水管等以及在墙上或楼板上预留孔洞的位置和尺寸。

7）除一般简单的装修用文字注明外，较复杂的工程，还标明室内装修做法，包括地面、墙面、顶棚等的用料和做法。

8）其他内容（如材料做法表等）。

（2）立面图：立面图是建筑物的侧视图、表示其外观，主要有正立面图，侧立面图和背立面图（也有按朝向分东、西、南、北立面图）。立面图的名称宜根据两端定位轴线号编注。

立面图的用途主要是供室外装修施工使用，有以下几方面：

1）建筑物的外形、门窗、卫生间、雨篷、阳台、雨水管等位置，是平屋面还是坡屋面；

2）建筑物各楼层的高度及总高度，室外地坪标高；

3）外墙的装修作法，线脚做法和饰面分格等。

（3）剖面图：剖面图是建筑物被一个假想的垂直平面切开后，切面一侧部分的投影图，如图 1-1 所示。

剖面图能表明建筑物的结构形式、高度及内部布置情况。根据剖切位置的不同、剖面图分为横剖和纵剖，有的还可以转折剖切。

看剖面图可以了解以下主要内容：

1）建筑物的总高、室内外地坪标高，各楼层标高、门窗及窗台高度等；

2）建筑物主要承重构件的相互关系。如梁、板的位置与墙、柱的关系，屋顶的结构形式；

3）楼地面、顶棚、屋面的构造及做法、窗台、檐口、雨篷、台阶等的尺寸及做法；

（4）详图：详图是将平、立、剖面图中的某些部位需详细表述用较大比例而绘制的图样。

详图的内容包括的广泛，凡是在平、立、剖面图中表述不清楚的局部构造和节点，都可以用详图表述，其内容主要有以下几个方面：

1）细部或部件的尺寸、标高。

2）细部或部件的构造，材料及作法。

3）部件之间的构造关系。

4）各部位标准做法的索引符号。图1-2是一个楼梯踏步的详图。

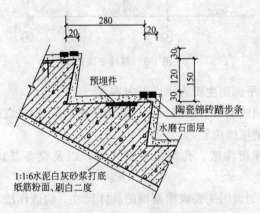

图1-2　楼梯踏步详图

3. 结构施工图

结构施工图是指基础平面图和剖面图，各层楼盖结构平面图和剖面图，屋面结构平面图和剖面图以及构件和节点详图等，并附有文字说明，构件数量表和材料用表。

（1）基础平面图和剖面图：是相对标高±0.000以下的结构图，主要供放灰线、基槽（坑）挖土及基础施工时使用。基础平面图如图 1-3 所示。

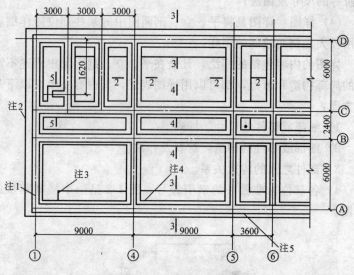

图 1-3　基础平面图

基础平面图主要表示以下内容：

1）轴线编号、轴线尺寸、基础轮廓线尺寸与轴线的关系；

2）剖切线位置；

3）预留沟槽、孔洞位置及尺寸，以及设备基础的位置及尺寸；

基础剖面图主要表明基础的具体尺寸、构造作法和所用材料等，一般条形基础剖面图如图 1-4 所示。

文字说明主要是±0.000 相对的绝对标高、地基承载力、材料标号、验槽和对施工的要求等。

（2）楼层结构平面图及剖面图：主要表示楼层各结构构件的平面关系。其一般分为预制构件楼层和现浇构件楼层两种。

1）预制构件楼层结构平面图主要表示各种预制构件的名称、编号、位置、数量及定位尺寸等。预制构件与墙的关系均以轴线为准标注。预制楼层的剖面图主要表示梁、板、墙、圈梁之间的

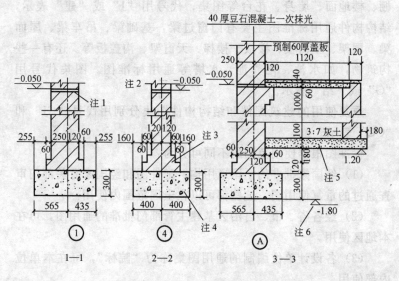

图 1-4　条形基础剖面图

搭接关系和构造处理。

2) 现浇构件楼层结构平面图及剖面图，主要为现浇支模板、浇灌混凝土等用，主要包括平面、剖面、钢筋表和文字说明。主要标注轴线号、轴线尺寸、梁的布置和编号，板的厚度和标高及钢筋布置。梁、楼板、墙体之间关系等。

（3）构件及节点详图，构件详图，表明构件的详细构造做法，节点详图、表明构件间连接处的详细构造和做法。

构、配件和节点详图可分为非标准的和标准的两类，非标准的必须根据每个工程的具体情况，单独进行设计、绘制成图。另一类，量大面广的构配件和节点，按照统一标准的原则，设计成标准构、配件和节点，绘制成标准详图，以利于大批量生产，大家共同使用。

4. 标准图的识图

建筑物构、配件通用标准图主要有钢、木门窗、屋面、顶棚、楼地面、墙身、花台等图集；代号用"J"或"建"表示，结构构件通用标准图主要有门窗过梁，基础梁、吊车梁、屋面梁、屋架、屋面板、楼板、楼梯、天窗架、沟盖板等。还有一些构筑物，如水池、化粪池、水塔等通用标准图。图集代号用"G"或"结"表示。

重复使用的建筑配件和结构构件图集分别用代号"CJ"和"CQ"表示。

标准图根据使用范围的不同可分为：

（1）经国家批准的全国通用构、配件图和经国家有关部门审查通过的重复使用图。这些都可以在全国范围内使用。

（2）经各省、市、自治区基建主管部门批准的通用图，可在本地区使用。

（3）各设计单位编制的通用图集称为"院标"，可在本单位内部使用。

5. 看图的方法、要点和注意事项

（1）看图的方法：建筑安装施工图看图的方法归纳起来是六句话"由外向里看，由大到小看，由粗到细看，图样（详图）与说明穿插看，建施与结施对着看，水电设备最后看"，这样必能收到良好的效果。

一套图纸到手后，先把图纸分类，建施、结施、水电设备安装图和相配套的标准图等，然后按如下步骤看图：

1）先看图纸目录：了解建筑物的名称、性质、面积、图纸种类、张数、建设单位、设计单位等。

2）看设计总说明：了解建筑物的概况、设计原则和对施工的总要求等。

3）看总平面图：了解建筑物所处的位置、高程、朝向、周边环境等。

4）看建筑施工图：先看各层平面图，了解建筑物的长度、宽度、轴线尺寸、室内布置等。再看立面图和剖面图，了解建筑

8

物的层高、总高、各部位的基本做法。这样在头脑里就有了该建筑物的大概轮廓、规模，形成了一个该建筑物的立体概念。

5）看建筑详图：了解各部位的详细尺寸、所用材料、具体做法，加深印象，同时也可以考虑怎样进行准备和施工操作。

6）看结构施工图：先从基础平面图开始，然后逐层看结构平面图和详图。了解基础的形式，埋置深度，柱、梁的编号，位置和构造，墙和板的位置，标高和构造。

7）看水暖电通和设备安装图：这些图纸可由专业人员细看。但是，作为砌筑工也要了解管线的走向，设备安装的大致情况，以便作好配合预留孔洞和预埋件。

8）看过全部的图纸后，对该建筑物就有了一个整体的概念，然后再针对性地细看本工种图纸地内容。砌筑工要重点了解砌体基础的深度、大放脚情况、墙身情况，使用什么材料、什么砂浆，是清水墙还是混水墙，每层多高，圈梁、过梁的位置，门窗洞口位置和尺寸，楼梯和墙体的关系，特殊节点的构造，厨卫间的要求，有些什么预留孔洞和预埋件，墙体的锚拉情况等等。

（2）看图的要点：一张图纸只能表达建筑物的一部分内容，要一套图纸才能形成一个完整的建筑物。所以，看图不能孤立地看，要综合地全面的看。看图要注意如下要点：

1）平面图

① 看房屋的平面图，要从首层看起，逐层向上直到顶层。而且首层平面图要详细看，这是平面图最重要的一层。

② 看平面图的尺寸，先看控制轴线间尺寸。把轴线关系搞清楚，弄清开间、进深的尺寸和墙体的厚度，门垛尺寸，再看外形尺寸，逐间逐段核对有无差错。

③ 核对门窗尺寸、编号、数量及其过梁的编号和型号。

④ 看清楚各部位的标高，复核各层标高并与立面图、剖面图对照是否吻合。

⑤ 弄清各房间的使用功能，加以对比，看是否有什么不同之处及墙体、门窗增减情况。

⑥ 对照详图看墙体、柱的轴线关系，是否有偏心轴线的情况。

2）立面图

① 对照平面图的轴线编号，看各个立面图的表示是否正确。

② 将四个立面图对照起来看，是否有无不交圈的地方。

③ 弄清外墙装饰所采用的材料及使用范围。

3）剖面图

① 对照平面图核对相应剖面图的标高是否正确，垂直方向的尺寸与标高是否吻合，门窗洞口尺寸与门窗表的数字是否吻合。

② 对照平面图校核轴线的编号是否正确，剖切面的位置与平面图的剖切符号是否符合。

③ 校对各层楼面、屋面的作法与设计说明并与立面图对照是否有矛盾。

4）详图

① 查对索引符号，明确使用的详图，防止差错。

② 查找平、立、剖面图上的详图部位，对照轴线仔细核对尺寸、标高、避免错误。

③ 认真研究细部构造和作法，选用材料是否科学，施工操作有无困难。

（二）看懂复杂的施工图

1. 什么是复杂的施工图

有些建筑物由于功能和建筑造型的要求，形状不规则，有些还做成古建筑形式，因此线条和尺寸比较多，图幅大，张数多，看起来比较复杂。要看懂这样的施工图，必须具备一定的房屋构造知识，古建筑知识、施工实践经验和空间想象能力。复杂的施工图纸分为以下几个方面：

（1）异形平面、立面建筑物的施工图，例如：扇形、圆形、多边形及其他不规则曲面、折线面、凹凸及双曲立面等，如图1-5，图1-6所示。

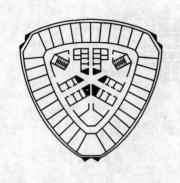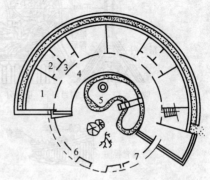

图 1-5 某正三角形带圆弧地的　　图 1-6 某实验幼儿院平面示意图
　　　 高层建筑平面示意图

这些图中的轴线关系比较复杂，工程定位放线时比较难于掌握，有些构造没有定型，所以无标准图集可查。

（2）造型复杂的构筑物的施工图，如电厂的双曲线型冷却塔和螺旋形楼梯，如图 1-7，图 1-8 所示。通常通过几张图线无法明确表达和理解该类构筑物，必须通过比较多的图线各种角度叫的三视图及详图才能看懂。

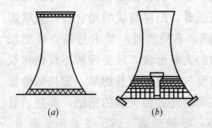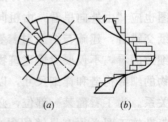

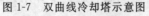

图 1-7 双曲线冷却塔示意图　　　图 1-8 整浇式螺旋楼梯示意图

（3）古建筑类的施工图，如某些建筑物按装饰效果局部处理成仿古的廊心墙、戗角、高脊、吻头等，如图 1-9 所示为琉璃庑殿正脊及垂脊的局部示意。由于古建筑的各部位构造各异，有专

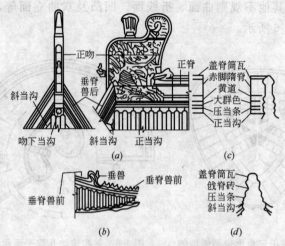

图 1-9　琉璃庑殿正脊及垂脊示意图

（a）正脊；（b）垂脊；（c）正脊剖面；（d）垂脊兽前剖面或歇山戗背

用名称、规格、做法不统一。有些节点用图线难于表述，必须具有一定的施工实践知识才能看懂，有些仿古建筑还有与现代建筑物结合的特点。这些都增加了看图的难度。

2. 如何看懂复杂的施工图

（1）掌握正确的看图方法和看一般施工图相同，看复杂施工图也应"由外向里看，由粗向细看，图样与说明结合看，关联图纸交错看，建施与结施对着看"。不同的是，要求更高，要更加细致的看，不仅要看懂建筑物的大概形状，还要理解不规则建筑物的细部构造和详细尺寸，以及与轴线或建筑物某一部位的位置关系。为了看懂某一部位，必须看许多相关联的图纸，而且，看复杂施工图必须有足够的耐心，要做到眼、脑、手并用。眼看、脑想、手算。

（2）看复杂施工图的步骤

1）看复杂施工图的步骤与看一般施工图相同，先看目录及说明，了解建筑概况及技术要求等。然后看总平面图、建筑平面图、立面图、剖面图等。

2）对建筑平、立、剖面图有个总体了解后，就结合看结构施工图及详图，并把遇到的问题记下来。

3）初步看完全部图纸后，再将图纸进行细读。对异形平、立面。多看各部分与轴线及相互间的尺寸关系，凹凸或曲面的起止点。有时边看边计算，边查资料，把计算和查找的有关数据标注再在相应的蓝图上，以便施工时使用。

在看图的基础上，通过形象思维，在脑子里画一个"形象草图"。便于理解。对于仿古建筑，除了先学习古建筑构造，并细致看图外，最好能制作一个主体模型，加强了空间概念，可加深理解，方便施工。

（3）多看实物，积累感性知识，为了提高自己的识图能力，多看实物是一个捷径，观察实物时应掌握以下几个特点：

1）实物与图纸对照看：看实物时，尽量把该实物的图纸找来看，或者看图纸后再看已建的实物。在对照看的时候更注意各个部位反映在图纸上的节点图。看不懂的地方可以向老师傅和有关工程技术人员请教。

2）边看边记，积累资料：在看实物时，切忌走马观花，要细微观察和比较各部位构造、尺寸、及相互关系。并动手描绘草图。描绘草图要从多个视角，并绘出平、立、剖面图。有可能的话，可用照像机或摄像机拍摄下来仔细研究。这样通过看、绘、分析和研究，既提高了识图能力，又积累了宝贵的资料。

3. 如何审核施工图

作为砌筑工技师、高级技师除了能看懂本工种的复杂施工图之外，还应该学会审核一般常见的施工图纸。这样就必须了解设计的施工图的工程特点和设计意图，发现图纸上的差错，将图纸中可能存在的问题及质量隐患消灭在萌芽状态。图纸的审核包括自审和会审。其步骤如下：

（1）学习设计图纸：熟悉设计图纸的过程，就是学习图纸的过程。按照前面说到的识图步骤和方法："先粗后细、先总后分、图文结合、建结对照，交叉看阅"的原则，做到逐步理解和深化。一边看、一边思考、建立空间主体形象；有些地方还要动手算一下，查一查有关规范资料，有疑问的地方记下来，在进一步深入学图时或在会审图纸交底时得以解决。

（2）掌握审图要点：砌筑工应掌握以下审图重点：

1）审图过程：基础→墙身→屋面→构造→细部。

2）先看图纸说明是否齐全，前后有无矛盾和差错，轴线、标高各部分尺寸是否清楚及吻合。

3）节点大样是否齐全、清楚。

4）门窗、洞口位置、大小、标高有无差错，是否清楚。

5）本工程应预留的槽、洞及预埋件的位置、数量、尺寸是否清楚、正确。

6）使用的材料（特别是新材料和特殊材料）规格、品种是否满足。

7）有无特殊施工技术要求和新工艺，操作上有无困难，能否保证质量和安全。

8）本工种与其他工种，特别是与水电安装之间的配合有无矛盾。

在学习图纸的基础上，围绕审图要点，对照图纸，逐个审核，把不能解决的疑难和图纸上的问题记下来，交给有关施工人员，在图纸会审时解决。

（3）施工单位内部自审：施工单位内部自审是图纸会审的前期工作。通过内部自审可以解决看图过程中的部分问题，提高有关人员的审图能力，可以比较准确地汇集施工图纸中的问题，防止重复，及时有条理的提供给设计人员，以便在图纸会审交底时解决。可以提高会审效率，减少时间。

1）施工单位内部施工图自审，应由技术负责人主持，施工技术人员、管理人员、预决算人员及主要工种的技术骨干等参加。

2）自审的方式一般是由负责审图人，分别把各自所看图纸上发现的问题及自己的意见，逐张逐条说明解释，其他人员补充意见，由自审会议主持人（技术负责人）主持讨论研究，统一意见后，汇集成文字或图形，以备会审时使用。

3）汇总整理的施工图自审意见，一式几份，可以事先提交给设计单位、建设单位和监理单位及其他有关单位，使其先行审阅和对照图纸查对。

4. 图纸的会审：

施工图纸会审的目的是为了使施工单位、监理单位、建设单位及其他有关单位（消防、环保）等进一步了解设计意图和设计要点。通过会审可以澄清疑点。消除设计缺陷，统一认识，使设计达到经济合理，安全可靠，美观适用。

（1）图纸会审的主要内容：

1）是否无证设计或越级设计；图纸是否正式签盖图章。

2）地质勘探资料是否齐全。

3）设计图纸及其说明是否齐全。

4）设计安全等级、防火等级、抗震烈度是否符合要求。

5）各专业图纸及建筑图纸有无矛盾。

6）总平面与施工图的几何尺寸、位置、标高等是否一致。

7）施工图中所列的各种标准图集，施工单位是否具备。

8）材料来源有无保证，能否代换，所要求的条件能否满足，新材料、新工艺的应用实施有无困难。

9）地基处理方法是否合理；结构构造和建筑构造能否实施施工；是否有容易导致质量、安全、费用增加等方面的问题。

10）建筑、结构、公用管线安装之间是否有矛盾。管线走向是否合理。

（2）图纸会审的方法和步骤

图纸会审应由建设单位或监理单位主持，请设计者交底，各施工单位、质检、消防、环保等单位参加。

1）首先由设计人员进行设计交底，将设计意图、工艺流程、建筑造型、结构形式、标准的采用，建材和施工的技术要求等向与会者交待。

2）然后由监理单位、施工单位等按照预审内容提出问题，由设计和建设方解答，或共同研讨，最后决定解决办法。

3）形成并签署图纸会审纪要文件。这主要是把会审时的会议记录，包括提出的问题，讨论的结果，经过汇总形成文件，由到会各方代表会签。图纸会审文件和补充、修改的图纸，是施工图纸的重要补充部分，与原图有同等的法律效力。施工人员必须遵照执行。

（三）房屋的基本构造

1. 民用建筑的基本构造

供人们居住、工作、学习以及文化活动等使用的建筑工程称为民用建筑。

（1）民用建筑种类

民用建筑按其用途又分为居住建筑、公共建筑及综合建筑。居住建筑是指各种住宅楼；公共建筑是指各种商业大楼、教学楼、影剧院、医院等；综合建筑是指各种商住楼、多功能大厦等。

居住建筑按层数分为：1～3 层为低层；4～6 层为多层；7～9 层为中高层；10 层以上为高层。公共建筑及综合建筑总高度超过 24m 者为高层（不包括高度超过 24m 单层主体建筑）。建筑物高度超过 100m 时，不论是居住建筑或公共建筑均为超高层。

民用建筑按其主体承重结构用料不同，主要分为砖混结构和框架、框架-剪力墙结构。砖混结构是指墙体用砖砌体，楼板用钢筋混凝土板并配以构造柱和圈梁作为主要承重结构。框架结构是指由柱与梁组成的立体骨架作为主要承重结构。一般低层、多层的居住建筑采用砖混结构，高层的民用建筑则多采用框架结构或框架-剪力墙结构。

（2）民用建筑基本组成

一幢建筑物由很多部分所组成，这些组成部分在建筑学里称为构件。一般民用建筑是由基础、墙和柱、楼板和地面、楼梯、屋顶和门窗等基本构件组成的，如图 1-10 所示。这些构件各处不同部位，发挥各自的作用。其中有的起承重作用，承受建筑物全部或部分荷载，确保建筑物的安全；有的起围护作用，保证建筑物的使用和耐久年限；有的构件则起承重和围护双重作用。

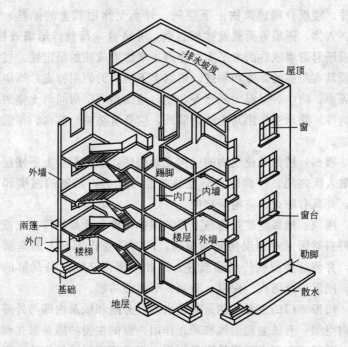

图 1-10　民用建筑的组成

基础：基础是建筑物最下部的承重构件，它承受建筑物的全部荷载，并将荷载传给地基。基础必须具有足够的强度和稳定性，同时应能抵御土层中各种有害因素的作用。

墙和柱：墙是建筑物的竖向围护构件，在多数情况下也为承重构件，承受屋顶、楼层、楼梯等构件传来的荷载，并将这些荷载传给基础。外墙分隔建筑物内外空间，抵御自然界各种因素对建筑的侵袭；内墙分隔建筑内部空间，避免各空间之间的相互干扰。根据墙所处的位置和所起的作用，分别要求它具有足够的强度、稳定性以及保温、隔热、节能、隔声、防潮、防水、防火等功能。为扩大空间，提高空间的灵活性，也为了结构需要，有时以柱代墙，起承重作用。

楼板和地面：楼板和地面是建筑物水平向的围护构件和承重构件。楼板分隔建筑物上下空间，并承受作用其上的家具、设备、人体、隔墙等荷载及楼板自重，并将这些荷载传给墙或柱。楼板还起着墙或柱的水平支撑作用，增加墙或柱的稳定性。楼板必须具有足够的强度和刚度。根据上下空间的使用特点，尚应具有隔声、防水、保温、隔热等功能。地面是底层房间与土壤的隔离构件，除承受作用其上的荷载外，应具有防潮、防水、保温等功能。

楼梯：楼梯是建筑物的竖向交通构件，供人和物上下楼层和疏散人流之用。楼梯应具有足够的通行能力，足够的强度和刚度，并具有防火、防滑等功能。

屋顶：屋顶是建筑物最上部的围护构件和承重构件。它抵御各种自然因素对顶层房间的侵袭，同时承受作用其上的全部荷载，并将这些荷载传给墙或柱。因此，屋顶必须具备足够的强度、刚度以及防火、保温、防热、节能等功能。

门窗：门的主要功能是交通出入、分隔和联系内部与外部或室内空间，有的兼起通风和采光作用。窗的主要功能是采光和通风，并起到空间之间视觉联系作用。门和窗均属围护构件。根据建筑物所处环境，门窗应具有保温、防热、节能、隔声、防风砂等功能。

一栋建筑物除上述基本构件外，根据使用要求还有一些其他构件，如阳台、雨篷、台阶、烟道等。

（3）民用建筑构造要求

1）墙柱砌体所用材料的最低强度等级

5 层及 5 层以上房屋的墙，以及受振动或层高大于 6m 的墙、柱所用材料的最低强度等级，应符合下列要求：

① 砖采用 MU10；

② 砌块采用 MU7.5；

③ 石材采用 MU30；

④ 砂浆采用 M5。

对安全等级为一级或设计使用年限大于 50 年的房屋，墙、柱所用材料的最低强度等级应至少提高一级。

2）柱较小的边长不宜小于 400mm，当有振动荷载时，墙、柱不宜采用毛石砌体。

3）跨度大于 6m 的房屋屋架和跨度大于下列数值的梁，应在其支承处的砌体上设置混凝土或钢筋混凝土垫块；当墙中设有圈梁时，垫块与圈梁宜浇成整体。

① 对砖砌体跨度为 4.8m；

② 对砌块砌体和料石砌体跨度为 4.2m；

③ 对毛石砌体跨度为 3.9m。

4）跨度大于或等于下列数值的梁时，其支承处宜加设壁柱，或采取其他加强措施。

① 对 240mm 厚的砖墙为 6m，对 180mm 厚砖墙为 4.8m；

② 对砌块、料石墙为 4.8m。

5）预制钢筋混凝土板的支承长度，在墙上不宜小于 100mm；在钢筋混凝土圈梁上不宜小于 80mm；当利用板端伸出钢筋拉结和混凝土灌缝时，其支承长度为 40mm，但板端缝宽不小于 80mm，灌缝混凝土不宜低于 C20 级。

6）支承在墙、柱上的吊车梁、屋架及跨度大于或等于下列数值的预制梁的端部，应采用锚固件与墙、柱上的垫块锚固。

① 对砖砌体为 9m；

② 对砌块和料石砌体为 7.2m。

7）填充墙、隔墙应分别采取措施与周边构件可靠连接。

8）山墙处的壁柱宜砌至山墙顶部，屋面构件应与山墙进行可靠拉结。

2. 工业厂房建筑的基本构造

供人们进行工业生产活动使用的建筑工程称为工业建筑，又称工业厂房。工业建筑按层数分为单层和多层。单层工业厂房是应用比较广泛的工业建筑，要学好工业建筑构造，首先要懂得单层厂房的构造。

单层厂房的骨架结构，是由支承各种竖向的和水平的荷载作用的构件所组成。厂房依靠各种结构构件合理地连接为一体，组成一个完整的结构空间以保证厂房的坚固、耐久。我国广泛采用钢筋混凝土排架结构。

（1）承重结构

1）横向排架：由基础、柱、屋架组成，主要是承受厂房的各种荷载。

2）纵向连系构件：由吊车梁、圈梁、连系梁、基础梁等组成，与横向排架构成骨架，保证厂房的整体性和稳定性；纵向构件主要承受作用在山墙上的风荷载及吊车纵向制动力，并将这些力传递给柱子。

3）支撑系统构件：支撑构件设置在屋架之间的称为屋架支撑；设置在纵向柱列之间的称为柱间支撑，支撑构件主要传递水平风荷载及吊车产生的水平荷载，起保证厂房空间刚度和稳定性的作用。

（2）围护结构

单层厂房的外围护结构包括外墙、屋顶、地面、门窗、天窗、地沟、散水、坡道、消防梯、吊车梯等。

图 1-11 所示是单层排架结构的工业建筑的基本组成。

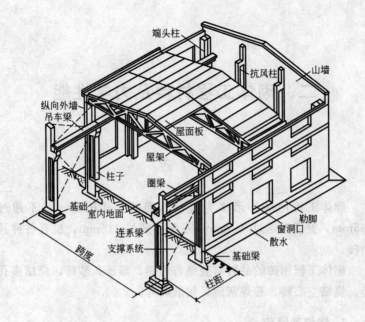

图 1-11　单层排架结构的工业建筑基本组成

二、砌体工程材料及力学性能

（一）砖

砌体工程用砖外形多为直角六面体，其长度一般不超过365mm，宽度不超过240mm，高度不超过115mm，也有各种异型砖。

砌体工程用砖的品种有烧结普通砖、蒸压灰砂砖、烧结多孔砖、烧结空心砖、粉煤灰砖、耐酸砖等。

1. 烧结普通砖

烧结普通砖，又称普通黏土砖、标准砖，是以黏土、页岩、煤矸石、粉煤灰为主要原料，经过熔烧而成的实心砖。

烧结普通砖的外形为长方体，边长240mm，宽115mm，厚53mm。240mm×115mm 的面称为大面，240mm×53mm 的面称为顺（条）面，115mm×53mm 的面称为丁（顶）面。

烧结普通砖按其抗压强度及抗折强度分为 MU30、MU25、MU20、MU15、MU10 五个强度等级。

烧结普通砖根据强度等级、耐久性能和外观质量分为优等品（A），一等品（B），合格品（C）三个品级。欠火砖、酥砖和螺纹砖不得作为合格品。烧结普通砖的尺寸偏差和外观质量见表 2-1。

2. 蒸压灰砂砖

蒸压灰砂砖，简称灰砂砖，是以石灰和砂为主要原料，经坯料制备、压制成型、蒸压养护而成的实心砖。

1. 允许偏差

公称尺寸	优等品		一等品		合格品	
	样本平均偏差	样本极差≤	样本平均偏差	样本极差≤	样本平均偏差	样本极差≤
240	±2.0	8	±2.5	7	±3.0	8
115	±1.5	6	±2.0	6	±2.5	7
53	±1.5	4	±1.6	5	±2.0	6

2. 外观质量

项　　目		优等品	一等品	合格
两条面高度差	≤	2	3	4
弯曲	≤	2	3	4
杂质凸出高度	≤	2	3	4
缺棱掉角的三个破坏尺寸　不得同时大于		5	20	30
裂纹长度 ≤	a. 大面上宽度方向及其延伸至条面的长度	30	60	80
	b. 大面上长度方向及其延伸至顶面的长度或条顶面上水平裂纹的长度	50	80	100
完整面　　　　不得少于		二条面和二顶面	一条面和一顶面	—
颜色		基本一致	—	—

注：1. 为装饰而施加的色差、凹凸纹、拉毛、压花等不算作缺陷；

　　2. 凡有下列缺陷之一者，不得称为完整面：

　　(1) 缺损在条面或顶面上造成的破坏面尺寸同时大于 10mm×10mm。

　　(2) 条面或顶面上裂纹宽度大于 1mm，其长度超过 30mm。

　　(3) 压陷、粘底、焦花在条面或顶面上的凹陷或凸出超过 2mm，区域尺寸同时大于 10mm×10mm。

　　蒸压灰砂砖的外形为长方体，长度 240mm，宽度 115mm，厚度 53mm。

　　蒸压灰砂砖按其抗压强度及抗折强度分为 MU25、MU20、MU15、MU10 四个强度等级。

　　蒸压灰砂砖根据强度等级尺寸偏差和外观质量分为优等品、一等品、合格品三个品级。各品级砖的尺寸偏差及外观质量应符合表 2-2 的规定。

蒸压灰砂砖的尺寸偏差和外观质量 表 2-2

项 目				指 标		
				优等品	一等品	合格品
尺寸允许偏差(mm)	长度		L	±2	±2	±3
	宽度		B	±2		
	高度		H	±1		
缺棱掉角	个数不多于(个)			1	1	2
	最大尺寸不得大于(mm)			1	15	20
	最小尺寸不得大于(mm)			5	10	10
	对应高度差不得大于(mm)			1	2	3
裂 纹	条数,不多于(条)			1	1	2
	大面上宽度方向及其延伸到条面的长度不得大于(mm)			20	50	70
	大面上长度方向及其延伸到顶面上的长度或条、顶面水平裂纹的长度不得大于(mm)			30	70	100

注:凡有以下缺陷者,均为非完整面:①缺棱尺寸或掉角的最小尺寸大于 8mm;②灰球黏土团、草根等杂物造成破坏面的两个尺寸同时大于 10mm×20mm;③有气泡、麻面、龟裂等缺陷。

蒸压灰砂砖不得用于长期受热 200℃ 以上、受急冷急热和有酸性介质侵蚀的建筑部位。MU15 级以上的砖可用于基础及其他建筑部位;MU10 级砖可用于防潮层以上的建筑部位。

3. 烧结多孔砖

烧结多孔砖简称多孔砖,是以黏土、页岩、煤矸石为主要原料,经熔烧而成的,其孔洞小而数量多,孔洞率(孔洞体积与砖体积之比)等于或大于 15%。孔洞率大于 25% 可作结构承重用砖。

烧结多孔砖的外形为直角六面体,有 M 型和 P 型两种规格。M 型多孔砖的主规格为:长 190mm,宽 190mm,厚 90mm;辅规格为:长 190mm,宽 90mm,厚 90mm。P 型多孔砖的主规格为:长 240mm,宽 115mm,厚 90mm;辅规格为:长 180mm,宽 115mm,厚 90mm。

烧结多孔砖按其抗压强度及抗折荷载分为 MU30、MU25、

MU20、MU15、MU10 五个强度等级。

烧结多孔砖根据尺寸偏差、外观质量、强度等级和耐久性能分为优等品（A）、一等品（B）和合格品（C）三个品级。各品级砖的强度等级、耐久性能、尺寸偏差及外观质量应符合表 2-3 的规定。

烧结多孔砖主要用于承重部位。

烧结多孔砖品级指标　　　　　　表 2-3

项　　目			优等	一等	合格
耐久性能	冻融、泛霜、石灰爆裂和吸水率试验		符合相应等级的有关规定		
外观质量	尺寸偏差不超过(mm)	长度	±4	±5	±7
		宽度	±3	±4	±5
		厚度	±3	±4	±4
	杂质在砖面上造成的凸出高度不大于(mm)		3	4	5
	缺棱掉角的三个破坏尺寸不得同时大于(mm)		15	20	30
	裂纹长度不大于(mm)	大面上深入孔壁 15mm 以上宽度方向及其延伸到顺面的长度	60	80	100
		大面上深入孔壁 15mm 以上长度方向及其延伸到顶面的长度	60	100	120
		条、顶面上的水平裂纹	100	120	140
	颜色（一条面和一顶面）		一致	基本一致	—
	完整面不得少于		一条面和一顶面	一条面和一顶面	—
	欠火砖和酥砖		不允许		

注：凡有下列缺陷之一者，均为非完整面：①缺损在顺面或丁面上造成的破坏面尺寸同时大于 20mm×30mm。②顺面或丁面上裂纹宽度大于 1mm，长度超过 70mm。③压陷、焦花、粘底在顺面或丁面上的凹陷或凸出超过 2mm，区域尺寸同时大于 20mm×30mm。

4. 烧结空心砖

烧结空心砖简称空心砖，是以黏土、页岩、煤矸石为主要原料，经熔烧而成的，其孔洞大而数量少，孔洞率等于或大于 15%。

烧结空心砖的外形为直角六面体，在与砂浆的接合面上设有增加结合力的凹线槽，深度为 1mm 以上。

烧结空心砖的规格有两种：

(1) 长 290mm，宽 190（140）mm，厚 90mm。

(2) 长 240mm，宽 180（175）mm，厚 115mm。

烧结空心砖按其大面、顺面的抗压强度分为 MU5、MU3、MU2 三个强度等级。

烧结空心砖按其密度分为 800、900、1100 三个密度级别。

烧结空心砖根据孔洞及其排数、尺寸偏差、外观质量、强度等级和耐久性能分为优等品、一等品和合格品三个品级。各品级砖的孔洞排数、尺寸偏差、外观质量、强度等级和耐久性能应符合表 2-4 的规定。

烧结空心砖品级指标　　　　　　　表 2-4

项　　目			优等	一等	合格
强度等级不小于(MPa)			5	3	2
耐久性能	冻融、泛霜、石灰爆裂及吸水率试验		符合相应品级的有关规定		
孔洞及排数	孔洞排数（排）	宽度方向	≥5	≥3	—
		厚度方向	≥3	—	—
	孔洞率		≥35		
	壁厚		≥10		
	肋厚		≥7		
外观质量	尺寸偏差不超过(mm)	>200	±4	±5	±7
		200~100	±3	±4	±5
		<100	±3	±4	±4
	弯曲不大于(mm)		3	4	5
	缺棱掉角的三个破坏尺寸不得同时大于(mm)		15	30	40
	未贯穿裂纹长度不大于(mm)	大面上宽度方向及其延伸到顺面的长度	不允许	100	140
		大面上长度方向或顺面上水平方向的长度	不允许	120	160

	项　目	优等	一等	合格
外观质量	贯穿裂纹长度不大于 (mm)	大面上宽度方向及其延伸到顺面的长度	不允许	60	80
		壁、肋沿长度方向、宽度方向及其水平方向的长度	不允许	60	80
	壁、肋内残缺长度不大于(mm)		不允许	60	80
	完整面不少于		一顺面和一大面	一顺面和一大面	
	欠火砖和酥砖		不允许		

注：凡有下列缺陷之一者，均为非完整面：①缺损在大面、顺面上造成的破坏面尺寸同时大于 20×30mm。②大面、顺面上裂纹宽度大于 1mm，长度不超过70mm。③压陷、粘底、焦花在大面、顺面上的凹陷或凸出超过 2mm，区域尺寸同时大于 20×30mm。

烧结空心砖主要用于非承重部位。

5. 粉煤灰砖

粉煤灰砖是以粉煤灰、石灰为主要原料，掺加适量石膏和骨料，经坯料制备、压制成型、高压或常压蒸汽养护而成的实心砖。

粉煤灰砖的外形为矩形体，长 240mm，宽 115mm，厚53mm，粉煤灰砖按其抗压强度和抗折强度分为 MU30、MU25、MU20、MU15、MU10 五个强度等级。

粉煤灰砖根据尺寸偏差、外观指标、强度等级、抗冻性能和干燥收缩分为优等品、一等品、合格品三个质量品级。各品级的强度等级、干燥收缩值及外观指标应符合表 2-5 的规定，抗冻性应符合表 2-6 的规定。

粉煤灰砖品级指标　　　　　　　　　表 2-5

项　目	优等	一等	合格
抗压强度等级不低于(MPa)	15	10	7.5
干缩收缩值(mm/m)	0.6	0.75	0.85

项 目		优等	一等	合格
尺寸偏差 不超过 （mm）	长度	±2	±3	±4
	宽度	±2	±3	±4
	厚度	±1	±2	±3
外观质量	对应厚度差不大于（mm）	1	2	3
	每一缺棱掉角的最小破坏尺寸不大于（mm）	10	15	20
	完整面不少于	两条面和一顶面或两顶面和一条面	一条面和一顶面	一条面和一顶面
	裂纹长度不大于（mm）　大面上宽度方向的裂纹（包括延伸到顺面上的长度）	30	50	70
	其他裂纹	50	70	100
	层裂	不允许		

粉煤灰砖抗冻性　　　　　　表 2-6

强度等级	抗压强度（MPa） 平均值≥	砖的干重量损失（%） 单块值≤
MU30	24.0	
MU25	20.0	
MU20	16.0	2.0
MU15	12.0	
MU10	8.0	

粉煤灰砖用于基础或用于易受冻融和干湿交替作用的建筑部位必须使用一等砖或优等砖。

（二）石

砌筑用石按其外形规则程度分为毛石和料石。

1. 毛石

毛石有乱毛石和平毛石两种。

乱毛石是指形状不规则的石块。

平毛石是指形状不规则，但有两个平面大致平行的石块。

毛石应呈块状，其中部厚度不小于 150mm。

毛石按其抗压强度分为 MU100、MU80、MU60、MU50、MU40、MU30、MU20、MU15、MU10 九个强度等级。

2. 料石

料石按其加工面的平整度分为细料石、半细料石、粗料石和毛料石四种。

料石的宽度、厚度均不宜小于 200mm，长度不宜大于厚度的 4 倍。

料石按其抗压强度分为 MU100、MU80、MU60、MU50、MU40、MU30、MU20、MU15、MU10 九个强度等级。

料石抗冻性的要求为石材试件经受 15、25 或 50 次冻融循环试验后，试件无贯穿裂缝，重量损失不超过 5%，强度降低不大于 25%，则为合格。有严重风化、裂纹的石材不得使用。料石各面的加工要求应符合表 2-7 的规定。

料石各面加工要求　　　　　　　　表 2-7

料石种类	外露面及相接周边的表面凹入深度	叠切面和接砌面的表面凹入深度	允许偏差(mm)	
			宽度、厚度	长度
细料石	不大于 2mm	不大于 10mm	±3	±5
半细料石	不大于 10mm	不大于 15mm	±3	±5
粗料石	不大于 20mm	不大于 20mm	±5	±7
毛料石	稍加修整	不大于 25mm	±10	±15

注：相接周边的表面是指叠砌面、接砌面与外露面相接处 20～30mm 范围内的部分。

（三）小型砌块

砌块是指砌筑用人造块材，外形多为直角六面体，也有各种异形的。

砌块系列中主规格的长度、宽度或高度有一项或一项以上分别大于 365mm、240mm 或 115mm，但高度不大于长度或宽度的六倍，长度不超过高度的三倍。

砌块系列中主规格的高度大于 115mm，而又小于 380mm 的砌块称为小型砌块，简称小砌块。

小型砌块根据其所用材料不同，有混凝土小型空心砌块、蒸压加气混凝土砌块、轻骨料混凝土小型空心砌块、粉煤灰砌块等。

1. 混凝土小型空心砌块

混凝土小型空心砌块是以水泥、砂、石为主要原料，经加水搅拌、浇捣、养护而成的。

混凝土小型空心砌块主规格为：长 390mm，宽 190mm，高 190mm，有两个方形孔；辅规格为：长 290mm，宽 190mm，高 190mm，有一个方形孔。

混凝土小型空心砌块按其抗压强度分为 MU20、MU15、MU10、MU7.5、MU5、MU3.5 六个强度等级。

混凝土小型空心砌块根据尺寸偏差、外观质量、强度等级分为优等品（A），一等品（B），合格品（C）。各品级的尺寸偏差、外观质量、强度等级应符合表 2-8 的规定。

混凝土小型空心砌块品级指标　　　　　表 2-8

项　　目		优等	一等	合格
尺寸偏差不超过(mm)	长度	±2	±3	±3
	宽度	±2	±3	±3
	高度	±2	±3	3、-4
外观质量	最小外壁厚(mm)		30	30
	弯曲不大于(mm)	2	2	3
	缺棱掉角个数	0	<2	<3
	缺棱掉角个数不大于(个)	0	2	2
	三个方向投影尺寸最小值不大于(mm)	0	20	30
	裂纹延伸的投影尺寸累计不大于(mm)	0	20	30

2. 蒸压加气混凝土砌块

蒸压加气混凝土砌块，简称加气混凝土砌块，是以水泥、矿渣、砂、石灰等为主要原料，加入发气剂，经搅拌、成型、高压蒸汽养护而成的实心砌块。

蒸压加气混凝土砌块一般规格的尺寸有两个系列：

（1）长度：600mm；

高度：200mm，250mm，300mm。

宽度：100mm，125mm，150mm，200mm，250mm，300mm。

（2）长度：600mm；

高度：240mm，300mm；

宽度：60mm，120mm，180mm，240mm……（以60mm递增）。

蒸压加气混凝土砌块按照其抗压强度分为 MU10、MU7.5、MU5、MU3.5、MU25、MU2、MU1 七个强度等级，按其体积密度分为 08、07、06、05、04、03 六个级别。

蒸压加气混凝土砌块根据尺寸偏差、外观质量、干容重分为优等品、一等品、合格品三个质量品级。各品级的尺寸偏差、外观质量、应符合表 2-9 的规定。

3. 粉煤灰砌块

粉煤灰砌块是以粉煤灰、石灰、石膏和骨料等为原料，经加水搅拌、振动成型、蒸汽养护而成的实心砌块。

粉煤灰砌块的主要规格为：长 880mm，宽 240mm，高 380mm 或 430mm。砌块端面留有灌浆槽。

粉煤灰砌块按其抗压强度分为 MU13、MU10 两个强度等级。

粉煤灰砌块根据尺寸偏差、强度等级、外观质量分为一等品和合格品两个质量品级。各品级的尺寸偏差、外观质量应符合表 2-10 的规定。

蒸压加气混凝土砌块品级指标　　　　　表 2-9

	项　　目		优等	一等	合格
	尺寸偏差不超过(mm)	长度	±3	±4	±5
		宽度	±2	±3	3，-4
		高度	±2	±3	3，-4
外观质量	缺棱掉角的最大尺寸不得大于(mm)		0	70	70
	缺棱掉角的最小尺寸不得大于(mm)		0	30	30
	平面弯曲最大处尺寸不得大于(mm)		0	3	5
	裂纹	条数不多于(条)	0	1	2
		任一面上的裂纹长度不得大于裂纹方向尺寸的比例	0	1/3	1/2
		贯穿一棱二面的裂纹长度不得大于裂纹所在面的裂纹方向尺寸总和的比例	0	1/3	1/3
	爆裂、粘模和损坏深度不得大于(mm)		10	20	30
	表面疏散、层裂		不允许		
	表面油污		不允许		

粉煤灰砌块品级指标　　　　　表 2-10

	项　　目		一等	合格
	强度等级(MPa)		13	10
外观质量	尺寸偏差不超过(mm)	长度	4，-6	5，-10
		宽度	4，-6	5，-10
		高度	±3	±6
	表面疏松		不允许	
	贯穿面棱的裂纹		不允许	
	任一面上的裂纹长度不得大于裂纹方向砌块尺寸的比例		1/3	
	石灰团、石膏团		直径大于5mm的不允许	
	粉煤灰团、孔洞和爆裂		直径大于3mm的不允许	直径大于50mm的不允许
	局部突起高度不大于(mm)		10	15
	翘曲不大于(mm)		6	8
	缺棱掉角在长、宽、高三个方向上投影的最大值不大于(mm)		30	50
	高低差	长度方向	6	8
		宽度方向	4	6

粉煤灰砌块宜用于五层以下的住宅、学校、办公楼等民用建筑和不超过四层的工厂建筑的承重结构以及框架结构的填充墙、围护墙；不宜用于具有酸性侵蚀的建筑物、密封性要求高的建筑物、有较大振动影响的建筑物、承受高温的承重墙和经常受潮湿的承重墙。

4. 轻骨料混凝土小型空心砌块

轻骨料混凝土小型空心砌块简称轻骨料混凝土小砌块。

轻骨料混凝土小砌块的品种有：浮石混凝土小砌块、煤渣混凝土小砌块、煤矸石混凝土小砌块、黏土陶粒混凝土小砌块、粉煤灰陶粒混凝土小砌块等。

（1）浮石混凝土小砌块

浮石混凝土小砌块是以水泥、浮石、细砂（或粉煤灰）为主要原料，经搅拌、浇筑、振动、养护而成的小型空心砌块。

浮石混凝土小砌块的主规格为：长 485mm，宽 240，高 185mm；辅规格为：长 235mm，宽 120mm，高 185mm 或长 350mm，宽 240mm，高 185mm。

浮石混凝土小砌块按其抗压强度分为 MU4.5、MU3.5、MU2.5 三个强度等级。

浮石混凝土小砌块适用于五层及五层以下的一般民用建筑砌筑墙体。

（2）煤渣混凝土小砌块

煤渣混凝土小砌块是以水泥、煤渣等为主要原料，经加水搅拌、振动成型、养护而成的小型空心砌块。煤渣须经筛选、破碎、陈化等工序处理。

煤渣混凝土小砌块的主规格为：长 390mm，宽 190mm，高 190mm；辅规格为：长 190mm，宽 190mm，高 190mm 或长 90mm，宽 190mm，高 190mm。

煤渣混凝土小砌块按其抗压强度分为 MU3、MU5 两个强度等级。煤渣混凝土小砌块用于一般工业与民用建筑中砌筑围护墙体。

（3）煤矸石混凝土小砌块

煤矸石混凝土小砌块是以水泥、自燃过火煤矸石为主要原料，经加水搅拌、振动成型、养护而成的小型空心砌块。煤矸石须经筛洗、破碎。

煤矸石混凝土小砌块的主规格为：长 290mm，宽 290mm，高 190mm 或长 390mm，宽 190mm，高 190mm；辅规格为：长 140mm，宽 290mm，高 190mm 或长 190mm，宽 190mm，高 190mm 或长 90mm，宽 290mm，高 190mm 或长 90mm，宽 190mm，高 190mm 等等。

煤矸石混凝土小砌块按照其抗压强度分为 MU5、MU10 两个强度等级。

煤矸石混凝土小砌块适用于一般工业与民用建筑中砌筑墙体。

（4）黏土陶粒混凝土小砌块

黏土陶粒混凝土小砌块是以水泥、轻质黏土陶粒为主要原料，经搅拌、浇筑、振捣、养护而成的小型空心砌块。

黏土陶粒混凝土小砌块的主规格为：长 390mm，宽 190mm，高 190mm；辅规格为：长 190mm，宽 190mm，高 190mm 或长 190mm，宽 90mm，高 190mm 或长 390mm，宽 90mm，高 190mm 等等。

黏土陶粒混凝土小砌块按其抗压强度分为 MU3.5、MU5 两个强度等级。

黏土陶粒混凝土小砌块适用于工业与民用建筑中砌筑填充墙、隔墙等。

（5）粉煤灰陶粒混凝土小砌块

粉煤灰陶粒混凝土小砌块是以水泥、粉煤灰陶粒为主要原料，经搅拌、浇筑、振捣、养护而成的小型空心砌块。

粉煤灰陶粒混凝土小砌块的主规格为：长 390mm，宽 190mm，高 190mm；辅规格为：长 190mm，宽 190mm，高 190mm 或长 90mn，宽 190mm，高 190mm；等等。

粉煤灰陶粒混凝土小砌块按其抗压强度分为 MU2.5、MU3.5、MU5、MU10 四个强度等级。

粉煤灰陶粒混凝土小砌块适用于一般工业与民用建筑中砌筑墙体。

（6）石膏砌块

石膏砌块是以熟石膏为主要原料，经料浆拌合、浇筑成型、自然干燥或烘干等工艺制成的轻质隔墙块型材料。

1）理化性能

石膏砌块具有质轻、防火、隔热、隔声和调节室内温度的良好性能。砌块的强度一般大于 5MPa，可锯、钉、钻，易于加工，表面平坦光滑，不用墙体抹灰，施工简便。

2）尺寸偏差见表 2-11。

石膏砌块规格表　　　　　　　　　　　　表 2-11

项目	规格（mm）	允许偏差（mm）
长度	666	±3
宽度	500	±2
厚度	60、80、90、100、110、120	±1.5

（7）GRC 空心隔墙板

GRC 空心隔墙板是以水泥砂浆做基材，玻璃纤维做增强材料的纤维水泥复合材料。

1）理化性能。

2）GRC 空心隔墙板具有轻质、高强、耐火、保温、防潮、隔声等特点。具有施工简便，装拆方便，可加工性好（可锯、可钉、可钻）。

3）产品规格见表 2-12。

4）用途及应用技术要点：

① GRC 空心隔墙板可广泛用于多层及高层建筑的分室、分户及厨房、卫生间等非承重隔墙板部位及低层建筑的非承重外墙。还可用于建造各种简易快装房和旧建筑加层等。

序号	规格(mm)	孔数	孔径(mm)
1	(2000～3000)×600×60	10	$\phi45$
2	(2000～3000)×600×90	7	$\phi60$
3	(2000～3000)×600×62	9	$\phi38$
4	(2000～3000)×600×92	7	$\phi60$
5	(2000～3000)×600×122	18	$\phi38$
6	特殊规格可按图制定		

GRC 空心隔墙板规格　　　　表 2-12

② 室内地面完成后即可放线、定位、粘板，并随时挂直靠平。板端 791 胶液一道，用 791 石膏胶泥粘结，板下留 20～30mm 安装缝，整板下端用小木楔顶紧，用 C10 细石混凝土堵严。板侧均以 791 胶泥粘结，板缝用胶泥刮平，有门窗处应与门窗框同时安装。

③ 电气安装可在板孔中敷线再安装开关插座等，可作成明线或暗线安装。

④ 木门窗框与板固定，采用板内预埋木块。板与钢窗门框连接采用在板内敷设 'Ⅱ' 型钢板焊错固筋与钢门窗焊接。

（四）砂　　浆

砂浆是由胶结料、细骨料、掺加料和水配制而成的建筑工程材料，在建筑工程中起粘结、衬垫和传递应力的作用。

砌筑砂浆是指将砖、石、砌块等粘结成为砌体的砂浆。

水泥砂浆是由水泥、砂和水配制成的砂浆。

水泥混合砂浆是由水泥、砂、掺加料和水配制成的砂浆。

掺加料是指为改善砂浆和易性而加入的无机材料，例如：石灰膏、电石膏、粉煤灰、黏土膏等。

外加剂是指在拌制砂浆过程中掺入，用以改善砂浆性能的物质。

1. 砂浆材料

砌筑砂浆所用材料有水泥、砂、石灰膏、黏土膏、水、粉煤灰、微沫剂、外加剂等。

（1）水泥

砌筑砂浆用水泥的强度等级应根据设计要求进行选择。水泥砂浆采用的水泥，其强度等级不宜大于 32.5 级；水泥混合砂浆采用的水泥，其强度等级不宜大于 42.5 级。不同品种的水泥不得混合使用。严禁使用废品水泥。

（2）砂

砌筑砂浆用砂宜选用中砂，其中毛石砌体宜选用粗砂。砂应过筛，不得含有草根等杂物。砂中含泥量，对于水泥砂浆和强度等级不小于 M5 的水泥混合砂浆，不应超过 5%；对于强度等级小于 M5 的水泥混合砂浆，不应超过 10%。

人工砂、山砂及特细砂，应经试配能满足砌筑砂浆技术条件要求。

（3）石灰膏

砌筑砂浆用石灰膏，是用块状生石灰淋水熟化而成，熟化时间不得少于 7d，并用孔径不大于 3mm×3mm 的网过滤。对于磨细生石灰粉，其熟化时间不得小于 2d。沉淀池中贮存的石灰膏，应防止干燥、冻结和污染。严禁使用脱水硬化的石灰膏。

消石灰粉不得直接使用于砌筑砂浆中。

生石灰及磨细生石灰粉应符合现行行业标准《建筑生石灰》（JC/T 479）及《建筑生石灰粉》（JC/T 480）的有关规定。

（4）黏土膏

砌筑砂浆用黏土膏，是用黏土或亚黏土在搅拌机中加水搅拌，通过孔径不大于 3mm×3mm 的网过滤而成。黏土中的有机物含量应采用比色法鉴定，且色应浅于标准色。

（5）砌筑砂浆用水，宜采用不含有害物质的饮用水。当采用其他来源水时，水质必须符合现行标准《混凝土拌合用水标准》（JGJ 63—1989）的规定。

（6）粉煤灰

砌筑砂浆用粉煤灰的品质指标应符合现行行业标准《粉煤灰在混凝土及砂浆中应用技术规程》的有关规定。

（7）微沫剂

砌筑砂浆中掺入的微沫剂等有机塑化剂，应符合相应的有关标准和产品说明书的要求，且经砂浆性能试验符合要求后，方可使用。

（8）外加剂

砌筑砂浆中掺入外加剂（早强、缓凝、防冻剂等），其掺量应通过试验确定。

2. 砂浆强度

（1）砂浆强度等级

砌筑砂浆按其抗压强度分为 M20、M15、M10、M7.5、M5、M2.5 六个强度等级。

（2）砂浆强度增长

砌筑砂浆强度增长与水泥品种及其强度等级、养护龄期有关。

3. 砂浆稠度与分层度

（1）砂浆稠度

砂浆稠度是指砂浆的稀稠程度。

在工地上可以采用简易的试验方法确定砂浆稠度：将拌好的砂浆盛入桶内，表面摊平；将单个圆锥体（试锥）的尖端与砂浆表面相接触，然后放手让其自由地落入砂浆中，10s 后，提出试锥体用尺直接量出沉入的垂直深度，即为砂浆的稠度。一般应取两次试验结果的算术平均值。砌筑砂浆的稠度根据砌体种类应按表 2-13 的规定选用。

砌筑砂浆的稠度   表 2-13

砌 体 种 类	砂浆稠度(mm)
烧结普通砖砌体	70～90
轻骨料混凝土小型空心砌块砌体	60～90
烧结多孔砖,空心砌体	60～80
烧结普通砖平拱式过梁 空斗墙,筒拱 普通混凝土小型空心砌块砌体 加气混凝土砌块砌体	50～70
石砌体	30～50

（2）砂浆分层度

砂浆分层度是指砂浆先后两次测定的稠度之差。分层度试验方法：将拌制好的砂浆先进行稠度试验（方法如上所述），然后将同批砂浆（或经稠度试验的砂浆重新拌合均匀）一次盛入桶内；静置 30min 后，去掉上层 20cm 厚砂浆，剩余的砂浆重新拌匀，再测定砂浆稠度；两次砂浆稠度的差值，即为砂浆的分层度。砂浆的分层度应取两次试验结果的算术平均值。

4. 砂浆配合比

砌筑砂浆的配合比是指砂浆的组成材料（胶结料、骨料和掺合料）之间的重量比，以水泥重量为 1，其他材料重量则与水泥重量之比表示。例如：水泥石灰砂浆的配合比为 1∶0.47∶7.28∶1.48，表示水泥重量为 1，石灰膏重量为 0.47，砂重量为 7.28，水重量为 1.48。假若一次用水泥 50kg，则石灰膏重量为 $50 \times 0.47 = 23.5kg$，砂重量为 $50 \times 7.28 = 364kg$，水重量为 $50 \times 1.48 = 74kg$。

砌筑砂浆配合比应事先通过试配确定。

（1）水泥混合砂浆配合比计算

水泥混合砂浆配合比计算主要参数应包括：砌筑砂浆设计强度等级，砂浆稠度，砂浆品种，水泥品种及等级，砂的规格、堆积密度及含水率，掺加料稠度，施工水平等。

砂浆配合比的确定，应按下列步骤进行：

1）计算砂浆试配强度 $f_{m,0}$（MPa）；

砂浆的试配强度应按下式计算：

$$f_{m,0} = f_2 + 0.645\sigma$$

式中　$f_{m,0}$——砂浆的试配强度，精确至 0.1MPa；

　　　f_2——砂浆抗压强度平均值，精确至 0.1MPa；

　　　σ——砂浆现场强度标准差，精确至 0.01MPa。

当有统计资料时，σ 应按下式计算：

$$\sigma = \frac{\sqrt{\sum_{i=1}^{n} f_{m,i}^2 - n i \mu_{fm}^2}}{n-1}$$

式中　$f_{m,i}$——统计周期内同一品种砂浆第 i 组试件的强度
　　　　　　（MPa）；

　　　μ_{fm}——统计周期内同一品种砂浆 n 组试件的平均值
　　　　　　（MPa）；

　　　n——统计周期内同一品种砂浆试件的总组数，$n \geqslant 25$。

当不具有近期统计资料时，砂浆现场强度标准差 σ 可按表 2-14 取用。

砂浆强度标准差 σ 选用值（MPa）　　　表 2-14

砂浆强度等级 施工水平	M2.5	M5	M7.5	M10	M15	M20
优良	0.50	1.00	1.50	2.00	3.00	4.00
一般	0.62	1.25	1.88	2.50	3.75	5.00
较差	0.75	1.50	2.25	3.00	4.50	6.00

2）按下式计算每立方米砂浆中的水泥用量 Q_c（kg）：

$$Q_c = \frac{1000(f_{m,0} - \beta)}{\alpha \cdot f_{ce}}$$

式中　Q_c——每立方米砂浆中的水泥用量，精确至 1kg；

$f_{m,0}$——砂浆的试配强度，精确至 0.1MPa；

f_{ce}——水泥 28d 的实测强度，精确至 0.1MPa；

$α$、$β$——砂浆的特征系数，其中 $α=3.03$，$β=-15.09$。

3）按水泥用量 Q_c 计算每立方米砂浆掺加料用量 Q_D（kg）计算公式为：

$$Q_D = Q_A - Q_C$$

式中　Q_D——每立方米砂浆的掺加料用量，精确至 1kg；

Q_A——每立方米砂浆中水泥和掺加料的总量，精确至 1kg；宜在 300～350kg 之间；

Q_C——每立方米砂浆的水泥用量，精确至 1kg。

4）确定每立方米砂浆的砂用量 Q_S（kg）；每立方米砂浆中的砂子用量，应按干燥状态（含水率小于 0.5%）的堆积密度值作为计算值。

5）按砂浆稠度选用每立方米砂浆用水量 Q_W；每立方米砂浆中的用水量，根据砂浆稠度等要求可选用组 240～310kg。

6）进行砂浆试配。

（2）水泥砂浆配合比选用

水泥砂浆材料用量可参考表 2-15 选用。

每立方米水泥砂浆材料用量　　　　　　表 2-15

强度等级	每立方米砂浆水泥用量(kg)	每立方米砂浆砂用量(kg)	每立方米砂浆用水量(kg)
M2.5～M5	200～230		
M7.5～M10	220～280	1m³ 砂子的堆积密度值	270～330
M15	280～340		
M20	340～400		

注：① 此表水泥强度等级为 32.5 级，大于 32.5 级水泥用量宜取下限；

② 根据施工水平合理选择水泥用量；

③ 当采用细砂或粗砂时，用水量分别取上限或下限；

④ 稠度大于 70mm 时，用水量可小于下限；

⑤ 施工现场气候炎热或干燥季节，可酌量增加用水量；

⑥ 试配强度应按水泥混合砂浆试配强度的计算公式计算，也可按表 2-15 选用。

5. 砂浆拌制与使用

（1）砂浆配料

砂浆应按计算和试配的配合比进行拌制。

水泥、有机塑化剂和冬期施工中掺用的氯盐等的配料准确度应控制在±2%以内；砂、水及石灰膏、电石膏、黏土膏、粉煤灰、磨细生石灰粉等组份的配料精确度应控制在±5%范围内。砂应计算其含水量对配料的影响。

为使砂浆具有良好的保水性，应掺入无机或有机塑化剂，不应采取增加水泥用量的方法。

水泥混合砂浆中掺入有机塑化剂时，无机掺合料的用量最多可减少一半。

水泥砂浆掺入有机塑化剂时，应考虑砌体抗压强度较水泥混合砂浆砌体降低10%的不利影响。

水泥黏土砂浆中不得掺入有机塑化剂。

水泥砂浆中水泥用量不应小于200kg/m³；水泥混合砂浆中水泥和掺加料总量宜为300~350kg/m³。

具有冻融循环次数要求的砌筑砂浆，经冻融试验后，质量损失率不得大于5%，抗压强度损失率不得大于25%。

石灰膏、黏土膏和电石膏的用量，宜按稠度120±5mm计算。现场施工时，当石灰膏稠度与试配时不一致时，可按表2-16换算。

当砂浆的组成材料有变更时，其配合比应重新确定。

石灰膏不同稠度的换算系数　　　　表2-16

石灰膏稠度(mm)	120	110	100	90	80	70	60	50	40	30
换算系数	1.00	0.99	0.97	0.95	0.93	0.92	0.90	0.88	0.87	0.86

（2）砂浆拌制

砌筑砂浆应采用机械搅拌；只有当砂浆用量很少时，才允许人工拌合。

机械搅拌：水泥砂浆搅拌时，应先投入砂再投入水泥，干拌均匀后，再边加水边搅拌，直至拌匀为止。水泥混合砂浆搅拌时，应先投入砂再投入水泥，干拌均匀后，再加入石灰膏或黏土膏，边加水边搅拌直至拌匀为止。砂浆搅拌时间自投料完算起，水泥砂浆和水泥混合砂浆不得少于 2min，水泥粉煤灰砂浆和掺入外加剂的砂浆不得少于 3mim；掺入微沫剂的砂浆必须采用机械搅拌，搅拌时间自投料算起为 3～5min。

人工拌合：人工拌合砂浆宜在平整的水泥地面上或钢板上进行。拌合程序同机械搅拌，使用工具有铁锹、拉耙等。

（3）砂浆使用

砂浆拌成后和使用时，均应盛入灰斗内，如砂浆出现泌水现象（水上浮而砂下沉），应在砌筑前再次搅拌。

砂浆应随拌随用。水泥砂浆必须在拌成后 3h 内用完，水泥混合砂浆必须在拌成后 4h 内用完。如施工期间最高气温超过30℃，必须分别在拌成后 2h（水泥砂浆）和 3h（水泥混合砂浆）内用完。对掺用缓凝剂的砂浆，其使用时间可根据具体情况延长。

（五）砌体抗压强度

砌体是由块材用砂浆粘结而成的。它的抗压性能与单一的均质材料有很大区别。砌体的抗压强度低于块材的抗压强度。为了正确掌握砌体的工作性能，我们来研究砌体中心受压时的破坏过程。

1. 砌体轴心受压时的破坏过程

根据国内外对砌体所进行的大量实验研究得知，轴心受压时的破坏过程可分为以下三个阶段：

第Ⅰ阶段：从开始加载至个别砖出现裂缝为第Ⅰ阶段。出现第一条（批）裂缝的荷载值与砌筑砌体所用的砂浆强度等级有关，约为破坏荷载的 $0.5\sim0.7$。在这一阶段末，荷载如不继续增加，则裂缝不会继续扩展或增加，如图 2-1 （a）所示。

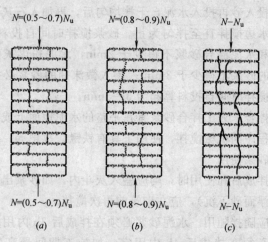

图 2-1　砌体轴心受压的破坏过程
（a）第 I 阶段；（b）第 II 阶段；（c）第 III 阶段

第 II 阶段：当荷载继续增加，裂缝不断扩展，这些裂缝通过砖的竖直灰缝彼此贯通。逐渐将构件分裂成几个单独的半砖小柱。同时产生一些新的裂缝，如图 2-1 （b）所示。这就是第 II 阶段的特征。第 II 阶段末的荷载相当破坏荷载的 $0.8\sim0.9$。

第 III 阶段：当荷载再进一步增加，裂缝迅速开展，单独的半砖小柱侧向鼓出，使整个构件失稳而破坏，如图 2-1 （c）所示。这时的荷载即为破坏荷载。

试验表明，砖柱砌体的抗压强度远小于砖的抗压强度。产生这一现象的原因是，由于水平缝内砂浆层不匀，有薄有厚、每块砖与砂浆并非全面接触，而是支承在凹凸不平的砂浆层上，这样，使砖在中心受压的砌体中实际处于受弯、受剪和局部承压的复杂受力状态。此外，在竖向压力作用下，由于砖在自由状态下横向应变小于砂浆的应变，砌体在砂浆粘结力与摩擦力的影响下，砖将阻止水平灰缝砂浆层的横向变形，因此，砖在砌体中还

44

处于受拉状态。

砌体中的砖处于压缩、弯曲、剪切、局部受压及横向受拉的复杂应力状态。由于砖是脆性材料，它的抗弯、抗剪和抗拉强度很低，所以，砌体在远小于砖的抗压强度时就开始产生裂缝。随着不断加载，裂缝继续扩展，使砌体形成半砖小柱，最后由小柱失稳而使构件破坏。

2. 影响砌体抗压强度的因素

影响砌体抗压强度的因素，主要有下列几方面：

（1）块材和砂浆的强度等级

试验表明，砌体的抗压强度主要与块材和砂浆强度等级有关，提高块材的强度等级可以增加其抗压、抗弯和抗拉能力，而提高砂浆的强度等级可以减小砂浆的横向应变，减小它与块材横向应变的差异，从而改善砌体的受力状态。

应当指出，砂浆的强度等级对砌体抗压强度的影响没有砖石等块材影响大。当砂浆强度等级较低时，提高砂浆强度等级，砌体抗压强度增长速度较快，当砂浆强度等级较高时，再提高砂浆强度等级，砌体抗压强度增长速度减慢。同时，水泥用量将显著增加，例如对 MU10 砖，当砂浆强度等级由 M5 提高到 M10 时，水泥用量几乎增加 50%，而砌体抗压强度只增长 22.6%。这是因为这时砖和砂浆之间的横向应变的差异已不再是主要因素。因此，为了节约水泥用量，一般情况下不宜用强度等级高的砂浆来提高构件的承载力，而提高砖、石等块材的强度等级或加大截面尺寸会更有效。

（2）块材的尺寸

砌体强度随块材厚度增加而增大，随块材长度增加而降低。这个结论是十分明显的。因为块材的尺寸将直接影响它的抗弯、抗剪和抗拉能力。

（3）砂浆的流动性及砌体灰缝的饱满程度

这些因素将直接影响灰缝的厚度及密实性，从而影响砌体的强度。按《砌体工程施工质量验收规范》（GB 50203—2002）规定，石砌体采用的砂浆流动性一般为 50～70mm；砖砌体采用的砂浆流动性为 70～100mm；其他块材砌体的砂浆流动性，可参照上述规定酌情取用。砖砌体水平灰缝的饱满程度不得低于80％；砖柱和宽度小于 1m 的窗间墙，竖向灰缝饱满程度不得低于 60％。

此外，灰缝厚度也对砌体抗压强度有很重要的影响，灰缝铺得厚些，容易做到饱满，但会增大砂浆层的横向变形，增加砖的横向拉力，灰缝太薄则不易铺砌均匀。实践证明，砖砌体水平灰缝厚度应在 8～12mm，一般宜采用 10mm。

（4）砌合方式

砂浆和搭缝砖的作用是将砖连接成整体。竖缝砌合不好将影响砌体的强度。

砖的砌合方式有一顺一丁（又称满丁满条）、三顺一丁、五顺一丁等。试验表明，一顺一丁砌法因为有较多的丁砖加强了在墙的厚度方向的连接，所以砌体的抗压强度较其他砌法高。故在受压砌体中，多采用这种砌合方式。而三顺一丁和五顺一丁砌法，在墙中间将有三皮砖或五皮砖出现通缝，故其砌体抗压强度不如一顺一丁好。但三顺一丁和五顺一丁砌法因为砌体沿墙长方向多数砖的搭接长度为 1/2 砖，所以，沿齿缝截面的受拉（如圆形水池或谷仓）和弯曲受拉（如带砖垛的挡土墙）强度高于一顺一丁砌体。因此，在不同受力情况下，宜采用不同的砌合方式，以提高砌体的承载能力。

除上述因素外，砌筑质量也是影响砌体抗压强度的重要因素之一。

3. 砌体轴轴心抗压强度表述式

根据近年来我国对各类砌体轴心受压试验研究结果，《砌体结构设计规范》（GB 50003—2001）给出了适用于各类砌体的轴心抗压强度平均值计算公式

$$f_m = k_1 f_1^\alpha (1 + 0.07 f_2) k_2$$

式中　　f_m——砌体抗压强度平均值；

f_1——块体抗压强度平均值，MPa；

f_2——砂浆抗压强度平均值，MPa；

k_1、α——与砌体类型有关的系数，按表 2-17 采用；

k_2——低强度等级砂浆砌体强度降低系数，按表 2-17 采用。

轴心抗压强度平均值中系数 k_1、α、k_2　　　　表 2-17

序号	砌体种类	k_1	α	k_2
1	黏土砖、多孔砖、非烧结硅酸盐砖	0.78	0.5	当 $f_2 < 1$ 时，$k_2 = 0.6 + 0.4 f_2$
2	混凝土小型空心砌块	0.46	0.9	当 $f_2 = 0$ 时，$k_2 = 0.8$
3	毛料石	0.79	0.5	当 $f_2 < 1$ 时，$k_2 = 0.6 + 0.4 f_2$
4	毛石	0.22	0.5	当 $f_2 < 2.5$ 时，$k_2 = 0.4 + 0.24 f_2$

注：1. k_2 在表列条件以外时均等于 1.0；
　　2. 混凝土砌块砌体的轴心抗压强度平均值，当 $f_2 > 100$MPa 时，应乘系数 1.1～0.01f_2，MU20 的砌体应乘系数 0.95，且满足 $f_1 > f_2$，$f_1 \leqslant 20$MPa。

三、砌筑工具与设备

(一) 手 工 工 具

1. 常用的砌筑手工工具

(1) 大铲　分为桃形、长三角形和长方形三种，但以桃形居多，是"三一"砌筑法的关键工具，主要用于铲灰、铺灰与刮灰用。

(2) 瓦刀　又称泥刀。用于涂抹、摊铺砂浆，打砖、往砖面上刮灰及铺灰，也可用于校准砖块位置。

(3) 刨锛　打砖用。刨锛一端有刃，如同镜子，打砖时用带刃的一侧砍；另一端为平顶，可当小锤用。

(4) 摊灰尺　摊铺灰浆用。摊灰尺系用木条钉成的直角形靠尺，长度 1m 左右，并带有木手柄，上面的木条厚度应与灰缝厚度相等，凸出部分为 13mm。

铺刮灰浆时，先将摊灰尺的突出部分搁在砌好的砖墙边棱上，把灰浆倒在墙上，用瓦刀贴着摊灰尺上面的木条把灰浆刮平。铺的灰要均匀平整，并缩进墙边 13mm，使砌的墙面清洁。

(5) 铺灰器　铺灰浆用。铺灰器是用木料或铁皮制成，其宽度应和墙厚相适应。铺灰时，将灰浆装入铺灰器内，两手握住铺灰器，一手前拉，一手后推，用力要均匀，速度要一致，不要用力过猛，以免将刚铺好的灰层碰坏或造成灰层厚薄不匀。铺灰器铺设的灰浆饱满，平整均匀，铺设速度快，特别适用于墙身较长、较厚、没有门窗洞口和砖垛的砌体。

48

砌石工具还有大锤、手锤、钢钎、撬棍、小水桶、刮缝工具、扫把和工具袋等。

2. 备料工具

（1）砖夹子　主要用来装卸砖块，以免对工人手指和手掌造成伤害。一般由施工单位用 $\phi16mm$ 的钢筋锻造制成，一次可夹 4 块标准砖。

（2）筛子　它分为立筛和小方筛两种。主要用来筛砂。一般筛孔直径有 4mm、6mm、8mm 等数种。筛细砂可用铁筛窗在小木框上制成小筛。

（3）铁锨　它包括尖头和方头两种。一般用来装土、装车和筛砂。

（4）工具车　俗称运砂浆车。主要有元宝车和翻斗车两种。一般用来运输砂浆和其他散装材料。

（5）砖笼　用塔式起重机吊运砖块时，罩在砖块外面的安全罩。在施工时，在底板上先码好一定数量的砖，然后把砖笼套上并固定，再起吊到指定地点。

（6）料斗　塔式起重机施工时吊运砂浆的工具。当砂浆吊运到指定地点后，打开启闭口，将砂浆放入贮灰槽内。

（7）灰槽　主要供砖瓦工存放砂浆用。一般用 1.2mm 厚的黑铁皮制成，适用于"三一"砌法。

其他公用手动工具还有灰桶、橡胶水管、积水桶、灰勺和钢丝刷等。

3. 勾缝工具

（1）溜子　又称勾缝刀。它一般用 $\phi8mm$ 钢筋打扁后，另一头安木把或用 0.5~1mm 厚钢板制成。

（2）托灰板　用不易变形的木材制成，主要用来承托砂浆。

（3）抿子　一般用 0.8mm 厚的钢板制成，并锄上执手安装木柄，用于石墙抹缝勾缝。

4. 检测工具

（1）钢卷尺　砌筑施工操作宜选用 2m 的钢卷尺。钢卷尺主要用来量测轴线尺寸、位置及墙长、墙厚，还有门窗洞口的尺寸、留洞位置尺寸等等。

（2）塞尺　塞尺与托线板配合使用，以测定墙、柱的垂直、平整度的偏差。塞尺上每一格表示厚度方向为 1mm。

（3）百格网　用于检查砌体水平缝砂浆饱满度的工具。可用铁丝编制锡焊而成，也有在有机玻璃上划格而成，其规格为一块标准砖的大面尺寸。

（4）方尺　用木材制成边长为 200mm 的 90°角尺，有阴角和阳角两种，分别用于检查砌体转角的方整程度。

（5）龙门板　它主要是在房屋定位放线后，砌筑时定轴线、中心线的标准。施工定位时一般要求板顶面的高程即为建筑物的相对标高±0.000。在板上划出轴线位置，以画"中"字示意，板顶面还要钉一根 20～25mm 长的钉子。

（6）线锤　用来检查砖柱、垛、门窗口的面和角是否垂直。线锤用金属制成，其形状为圆锥体。

（7）托线板（靠尺板）　常见规格为 1.2～1.5m，与线锤配合用于检查墙面垂直及平整度。托线板是用红松木板制成，板的中心弹有墨线，顶端中部可挂线锤。

检查墙面的平整时，将托线板靠在墙面上，若板边与墙面接触严密，则说明墙面平整。

检查墙面的垂直时，将板的一侧垂直紧靠墙面，当线锤停止自由摆动时，线锤的小线如与板中的竖直墨线重合，说明墙面垂直，否则墙面不垂直。

（8）皮数杆　控制砌筑层数、门窗洞口及梁板位置的辅助工具。皮数杆是用松木制成，其截面尺寸 50mm×50mm 左右，长度视需要而定。

（9）准线（挂线）　用来控制砖层平直与墙厚，是砌砖的依据。准线可用小白线、麻线或蜡线，但要有足够的抗拉强度。

（10）铁水平尺　检查墙面水平用。

（二）机械设备

1. 砂浆搅拌机

砂浆搅拌机是砌筑工程中的常用机械，用来制备砌筑和抹灰用的砂浆常用规格是 $0.2m^3$ 和 $0.325m^3$；台班产量为 $18\sim26m^3$。目前常用的砂浆搅拌机有倾翻出料式的 HJ-200 型、HJ_1-200B 型和活门式的 HJ-325 型。

操作要求：

（1）机械安装应平稳、牢固，地基应夯实、平整。

（2）移动式砂浆搅拌机的安装，其行走轮应离开地面，机座要高出地面一定距离，以便于出料。

（3）开机前应先检查电气设备的绝缘和接地是否良好，皮带轮和齿轮必须有防护罩。并对机械需润滑的部位加油润滑，并检查机械各部件是否正常。

（4）工作时先空载转动 1min，检查其传动装置工作是否正常，在确保正常状态下再加料搅拌。搅拌时要边加料边加水，要避免过大粒径的颗粒卡住叶片。

（5）加料时，操作工具（如铁锹等）不能碰撞搅拌叶片，更不能在转动时把工具伸进机内扒料。

（6）工作完毕必须把搅拌机清洗干净。

（7）机器应设置在工作棚内，以防雨淋日晒，冬期还应有挡风保暖设施。

2. 垂直运输设备

（1）井架（绞车架）

一般用钢管、型钢支设，并配置吊篮、天梁、卷扬机，形成垂直运输系统。井架基础一般要埋在一定厚度的混凝土底板内，底板中预埋螺栓,与井架底盘连接固定。井架的顶端、中井架底盘连接固定。井架的顶端、中部应按规定设数道缆风绳,以保证井架的稳定。井架属于多层建筑施工常用的垂直运输设备。

(2) 龙门架

由于龙门架的吊篮突出在立杆以外,所以要求吊篮周围必须设有护身栏;同时在立管上制作悬臂角钢支架,配上滚杠,作为吊篮到达使用层时临时搁放的安全装置。由两根立杆和横梁构成。立杆由角钢或 $\phi 200 \sim 250$ 的钢管组成。配上吊篮用于材料的垂直运输。

(3) 卷扬机按其运转速度可分为快速和慢速两种,快速卷扬机又可分为单筒和双筒两种。快速卷扬机钢丝绳的牵引速度为 $25 \sim 50 \text{m/min}$;慢速卷扬机为单筒式,钢丝绳的牵引速度为 $7 \sim 13 \text{m/min}$。主要组件为升降井架和龙门架上吊篮的动力装置。

(4) 两井三笼井架

两井三笼井架本身稳定性较好,竖立后可以与墙体结构连接支撑,具有可以取消缆风索的优点。两井三笼井架是井架的一种组合方式,它是在两座相靠近的井架之间增设一个吊篮,使两座井架起到三座井架的作用。

(5) 附壁式升降机

附壁式升降机又叫附墙外用电梯,由垂直井架和导轨式外用笼式电梯组成,用于高层建筑的施工。该设备除用于载运工具和物料外,还可乘人上下,架设安装比较方便,操作简单,使用安全。

(6) 塔式起重机

塔起又称塔吊,它是由竖直塔身、起重臂、平衡臂、基座、平衡座、卷扬机及电器设备组成的较庞大的机器,能回转 $360°$,并具有较高的起重高度,可形成一个很大的工作空间,是垂直运输机械中工作效能较好的设备。塔式起重机有固定和行走式两类。

3. 砌块施工机械

(1) 台灵架

台灵架是由起重拉杆、支架、底盘和卷扬机等部件所组成，有矩形和正方形两种形状。主要用于起吊和安装砌块，它可以自行制作。

（2）木桅杆

底层建筑工程的砌块安装，可采用木桅杆，但需加强安全措施，注意安全操作，并系牢缆风绳。

（三）砌筑工程的运输和脚手架

脚手架又称架子，是建筑施工活动中工人进行操作、运送及堆积材料的一种临时性设施。砌筑施工时，工人的劳动生产率受砌体的砌筑高度影响，在距地面 0.6m 左右时生产率最高，砌筑高度低于或高于 0.6m 时，生产率相对降低，且工人劳动强度增加。砌筑到一定高度，则必须搭设脚手架。考虑到砌墙工作效率及施工的组织等因素，每次搭设脚手架的高度确定为 1.2m 左右，称为"一步架高度"，也叫墙体的可砌高度。砌筑时，当砌到 1.2m 左右即应停止砌筑，搭设脚手架后再继续砌筑。

砌筑用脚手架按材料分有木脚手架、竹脚手架和钢管脚手架；按其搭设位置分为里脚手架与外脚手架；按其构造形式分为多立杆式、门式、悬吊式、挑式脚手架等。

对脚手架的基本要求如下：

（1）脚手架宽度应满足工人操作、材料堆放及运输要求。一般 2m 左右，不得小于 1.5m。

（2）脚手架应保证有足够的强度、刚度及稳定性。

（3）搭拆简单，搬运方便，能多次周转使用。

（4）因地制宜，就地取材，尽量节省用料。

1. 外脚手架

外脚手架是在建筑物的外侧搭设的一种脚手架，既可用于外墙砌筑，又可用于外墙面装修。常用的有多立杆式脚手架、门式脚手架等。

（1）多立杆式脚手架

多立杆式脚手架主要由立杆、大横杆、小横杆、脚手板、斜撑、剪刀撑与抛撑等组成。按立杆的布置方式分为单排、双排两种。

单排脚手架仅在外墙外侧设一排立杆，其小横杆一端与大横杆连接，另一端搁在墙上。

单排脚手架节约材料，但稳定性较差，且在墙上留脚手眼，其搭设高度只适合 4.5m 以下，使用范围也受一定限制。

下列部位不得留设脚手眼：

1）空斗墙、120mm 厚砖墙、料石清水墙和砖、石独立柱；

2）砖过梁上与过梁成 60°角的三角形范围内；

3）宽度小于 1m 的窗间墙；

4）梁或梁垫下及其左右各 500mm 的范围内；

5）砖砌体的门窗洞口两侧 180mm 和转角处 430mm 的范围内石砌体的门窗洞口两侧 300mm 和转角处 600mm 范围内；

6）设计不允许设置脚手眼的部位。

注：若砖砌体脚手眼不大于 80mm×140mm 可不受 3）、4）、5）条限制。

双排脚手架是指脚手架里外侧均设置立杆，稳定性较好，但其工料消耗要比单排脚手架多。

目前，扣件式钢管脚手架得到广泛应用，虽然其一次投资较大，但其周转次数多，摊销费用低，装拆方便，搭设高度大。

（2）框式脚手架

框式脚手架的特点是装拆方便，构件规格统一，其宽度有 1.2m、1.5m、1.6m，高度有 1.3m、1.7m、1.8m、2.0m 等规格，可根据不同要求进行组合。安装时，对地基及底座的要求与钢管扣件脚手架相同。另外应注意纵横支撑、剪刀撑的布置及其与墙拉结，以确保脚手架整体稳定性。其构造如图 3-1 所示。

使用脚手架应注意安全。脚手板应铺满、铺稳，不得有空头板。多层及高层建筑用的外脚手架应沿外侧拉设安全网，以免工

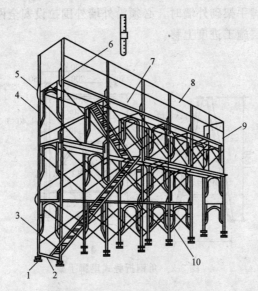

图 3-1　框式脚手架构造示意图

1—底座；2—梯子托梁；3—梯子；4—门式框架；5—扣件；6—插销；

7—走道；8—栏杆扶手；9—栏杆立柱；10—剪刀撑

人跌下或材料、工具落下伤人。支好的安全网应能承受 1.6kN 的冲击力，安全网应随楼层施工进度逐渐上移。

2. 里脚手架

里脚手架搭设于建筑物内部，每砌完一层楼后，即将脚手架转移到上一层楼的楼面，以便上一层施工，可用于内墙的砌筑和室内装修施工。里脚手架用料省，但装拆频繁，故要求轻便灵活、装拆方便。其结构型式有折叠式、支柱式、门式等多种。

图 3-2 所示是用角钢制成的折叠式里脚手支架，上铺脚手板。支架间距 1.8～2.0m，可以设两步，第一步高 1m，第二步高 1.65m。图 3-3 所示是一种套管式支柱。插管插在立管中，利用销孔间距调节高度。在插孔顶端凹槽内搁置横杆，横杆上铺脚手板。其搭设高度一般为 1.57～2.17m。

用里脚手架砌外墙时，必须沿外墙外围拉设安全网，且安全网应随楼层施工进度上移。

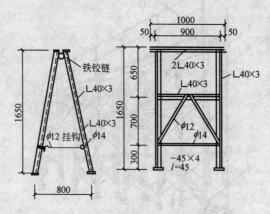

图 3-2　角钢折叠式里脚手架

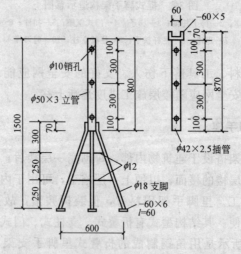

图 3-3　套管式支柱

56

四、砌砖工程

（一）砖基础砌筑

1. 砖基础的构造

砖基础是由普通砖和水泥砂浆（或水泥混合砂浆）砌筑而成。砖的强度等级应不低于 MU10，砂浆强度等级应不低于 M5。

砖基础根据其不同形式，有条形基础和独立基础。条形基础一般设在砖墙下，独立基础一般设在砖柱下。

砖基础由基础墙与大放脚组成，基础墙与墙身同厚（或略厚一些），基础墙下部扩大部分称为大放脚。大放脚下是基础垫层，垫层可用 C10 混凝土或 3∶7 灰土做成；垫层的厚度：当采用碎石混凝土时一般不宜小于 200mm，采用灰土时不宜小于 300mm。

砖基础依其大放脚收皮不同，分为等高式和不等高式。

等高式大放脚一般每二皮砖收 1/4 砖（角 120mm 高收 60mm 宽），即大放脚台阶的宽高比为 1/2，如图 4-1（a）所示。

不等高式大放脚一般二皮一收与一皮一收相间隔，两边各收进 1/4 砖长，但最底下为两皮砖，这种构造方法在保证刚性角的前提下，可以减少用砖量，如图 4-1（b）所示。

砖砌大放脚连续放级时，可以是一级、二级、三级或四级等，要视砖墙的厚度、荷载的大小和地基的承载力而定。各层大放脚的宽度应为 1/2 砖宽的整数倍。大放脚顶面应低于地面不小

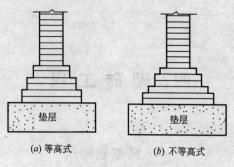

(a) 等高式　　　　　　　　(b) 不等高式

图 4-1　砖基础剖面

于 150mm。

为防止地基土中水分沿砖块毛细管上升而对墙体的侵蚀，应设防潮层。当设计无具体要求，宜用 1∶2.5 水泥砂浆加适量防水剂铺设在离室内地面下一皮砖处（60mm），其厚度宜为 20mm。

2. 砖基础砌筑前准备

（1）垫层检查及清理

砖基础砌筑前，应检查验收垫层的质量、标高及位置。当垫层低于设计标高 20mm 以上时，应用 C10 细石混凝土找平；当垫层高于设计标高，但在规范允许范围内时，对灰土垫层可将高出部分铲平。

清除垫层表面的杂物及浮土，适量洒水湿润。

（2）放线

基础施工前，应在建筑物的主要轴线部位设置标志板。标志板上应标明基础、墙身和轴线的位置及标高。外形或构造简单的建筑物，可用控制轴线的引桩代替标志板。

根据标志板放线，先弹出外墙基础轴线，再弹出内墙基础轴线，基础轴线的尺寸允许偏差应符合表 4-1 的规定。轴线弹完后，根据大放脚剖面弹出大放脚最下一皮的边线。

放线尺寸的允许偏差 表 4-1

长度 L、宽度 B 的尺寸(m)	允许偏差(mm)	长度 L、宽度 B 的尺寸(m)	允许偏差(mm)
L(或 B)≤30	±5	60<L(或 B)≤90	±15
30<L(或 B)≤60	±10	L(或 B)>90	±20

（3）立基础皮数杆

在基础垫层及交接处应设置皮数杆，并应根据设计要求、砖的规格和灰缝厚度在皮数杆上标明皮数、退台、洞口、预埋件、防潮层等竖向构造变化部位。

3. 砖基础砌筑

（1）砖基础组砌方法

砖基础采用一顺一丁的组砌方法，上下皮竖缝至少错开 1/4 砖长。大放脚的最下一皮及每一层的上面一皮应以丁砌砖为主，这样传力较好，砌筑及回填土时也不易碰坏。

砖基础的转角处应根据错缝需要加砌七分头砖及二分头砖。图 4-2 所示是二砖半宽等高式大放脚转角处分皮砌法。

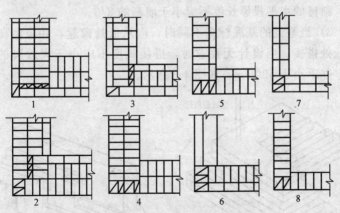

图 4-2　砖基础大放脚转角处砌法

砖基础的十字交接处，纵横大放脚要隔皮砌通。图 4-3 所示是二砖半宽等高式大放脚十字交接处分皮砌法。

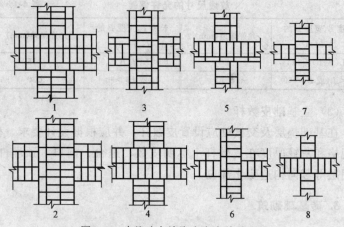

图 4-3 砖基础大放脚十字交接处砌法

（2）砖基础砌筑要点

1）砖基础砌筑时，应依皮数杆先在转角处及交接处砌几皮砖（俗称盘角），每次盘角宜不超过 5 皮砖，再在两盘角之间拉准线，按准线逐皮砌筑中间部分，如图 4-4 所示。

2）内外墙砖基础应同时砌筑，当不能同时砌筑时，应留斜槎，斜槎的水平投影长度不应小于墙高的 2/3。

3）当基础的基底标高不同时，应从低处砌起，并应由高处向低处搭接。当设计无要求时，搭接长度不应小于大放脚的高度，并不小于 500mm，如图 4-5 所示。

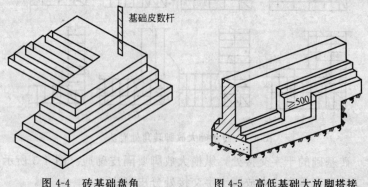

图 4-4 砖基础盘角　　　　　图 4-5 高低基础大放脚搭接

4）砖基础砌筑时，如有沉降缝，其两边的墙角应按直角要求砌筑，先砌一边的墙要把舌头灰刮尽，后砌的墙可采用缩口灰砌筑。掉入沉降缝内的砂浆、杂物，应随时清理干净。

5）砖砌大放脚如遇洞口时，应预留出位置，不得事后凿打。洞宽超过 300mm 时，应砌平拱或设置过梁。

6）砖基础的水平灰缝厚度和竖向灰缝宽度应控制在 10mm 左右，但不应小于 8mm，也不应大于 12mm。灰缝中砂浆应饱满。水平灰缝的砂浆饱满度不得小于 80%；竖向灰缝宜采用挤浆或加浆方法，不得出现透明缝、瞎缝和假缝，严禁用水冲浆灌缝。

7）大放脚砌到最上一皮后，要从定位桩（或标志板）上拉线，把基础墙的中心线及边线引到大放脚最上皮表面上，以保证基础墙位置正确。基础墙砌法同砖墙砌法。

8）砌完砖基础，应及时做防潮层。

9）基础完工后，要及时双侧回填。回填土的施工应符合现行国家标准《土方与爆破工程施工及验收规范》GBJ 201 的有关规定。单侧填土应在砌体达到侧向承载能力要求后进行。

（二）砖 墙 砌 筑

1. 砌筑前准备

（1）复核墙体轴线

砌墙之前，应对墙体轴线位置、门窗洞口位置及尺寸等进行复核，确保墙体位置准确。

（2）材料准备

砌墙之前，应根据设计要求进行备料，如砌筑用砖、预埋件、木砖、拉结筋等。砌筑用砖除外观检查合格，强度等级也要符合要求，并在使用前 1～2d 浇水湿润；用于清水墙的砖，应边角整齐、色泽均匀。砌筑砂浆应严格按照配合比进行拌制。

（3）布置灰斗及砖垛

灰斗和砖堆放的位置应符合"拉斗"砌法的要求。"拉斗"砌法是指操作人员背向砌墙前进的方向，边操作边后退的砌砖方法。因此，灰斗的间距应适应操作人的身高与步距，第一个灰斗应布置在距墙角 600～800mm 处，沿墙方向灰斗的间距为 1.3～1.5m。如遇有门窗洞口，要按墙位置布置灰斗。灰斗之间堆放砖垛，灰斗与墙面的净距约 400mm。

2. 组砌形式

清水砖墙的组砌形式常采用全顺、一顺一丁、梅花丁、三顺一丁、两平一侧、三七缝等。

（1）全顺

全顺法又称条砌法，即每皮砖全部用顺砖砌筑而成，且上下皮间竖缝相互错开 1/2 砖长。全顺法仅适合于半砖墙，如图 4-6 所示。

（2）一顺一丁

一顺一丁又称满丁满条，即一皮砖全部为顺砖与一皮全部丁砖相间隔砌筑而成，上下皮间的竖缝均相互错开 1/4 砖长，如图 4-7 所示。一顺一丁法适合于一砖墙或一砖半墙，是常见的一种砌砖形式，但当砖的规格不一致时，竖缝就难整齐，在转角、丁字形接头、门窗洞口等部位需要砍砖较多。

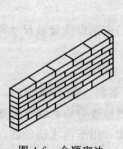

图 4-6　全顺砌法

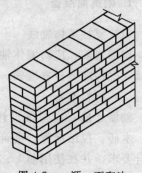

图 4-7　一顺一丁砌法

一顺一丁根据墙面灰缝形式不同分为"十字缝"和"骑马缝"。十字缝的构造特点是上下层顺砖对齐。骑马缝的构造特点是上下层顺砖相互错开半砖，此法也称为"五层重排"砌筑法。

砖墙的转角处，为使各皮间竖缝相互错开，必须在外角处砌七分头（3/4 砖）。

砖墙的丁字交接处，应分皮相互砌通，并在横墙端头处加砌七分头砖。

砖墙的十字交接处，应分皮相互砌通，交角处的竖缝应相互错开 1/4 砖长。

（3）梅花丁

梅花丁又称沙包式或十字式，是同皮顺丁相间砌筑，上下相邻层间上皮丁砖坐中于下皮顺砖，上下皮间竖缝相互错开 1/4 砖长，如图 4-8 所示。梅花丁适合于一砖墙或一砖半墙，灰缝整齐而富有变化。

砖墙的转角处，为使各皮间竖缝相互错开，必须在外角处砌七分头砖（3/4 砖）。

砖墙的丁字交接处，应分皮相互砌通，并在横墙端头处加砌七分头砖。

砖墙的十字交接处，应分皮相互砌通，交角处的竖缝应相互错开 1/4 砖长。

（4）三顺一丁

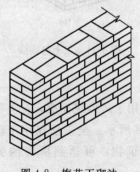

图 4-8　梅花丁砌法

图 4-9　三顺一丁砌法

三顺一丁是三皮顺砖与一皮丁砖相间隔砌筑而成，上下相邻两皮顺砖竖缝必须错开 1/2 砖长，顺砖与丁砖间竖缝错开 1/4 砖长，如图 4-9 所示。三顺一丁砌法适合于一砖半墙或二砖墙。

（5）两平一侧

两平一侧又称 18 墙砌法，是先砌二皮平砖，再立一侧砖，平砌砖均为顺砖且上下皮竖缝相互错开 1/2 砖长，平砌与侧砌砖层间错开 1/4 砖长，如图 4-10 所示。

（6）三七缝

三七缝是每一皮砖内排三块顺砖后再排一块丁砖，依此相排列。在每皮砖内都有一块丁砖拉结，且丁砖仅占 1/7，故称三七缝法，如图 4-11 所示。

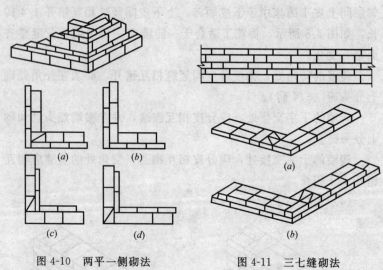

图 4-10　两平一侧砌法　　　　图 4-11　三七缝砌法

（7）全丁

全丁又称顶砌法，即每皮砖全部用丁砖砌筑而成，且上下皮间竖缝相互错开 1/4 砖长，如图 4-12 所示。全丁法仅用于砌圆弧形砌体，如烟囱、水塔等弧形构筑物，可达到所需的弧度要求。

64

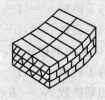

图 4-12 全丁砌法

3. 排砖、撂底

排砖、撂底是在决定排砖法后，沿墙的长度方向，从一个大角到另一个大角摆放卧砖。

（1）排砖、撂底的目的

排砖、撂底的目的是核对已弹的墨线（轴线、边线、门窗洞口位置线）在门、窗口是否赶上不打砖，保证墙面错缝合理，施工时尽量少砍砖，提高砌筑质量。

（2）排砖、撂底的原则

1）组砌方式决定后，自下而上砌法不变；

2）门、窗洞口和转角与墙垛处的错缝压砖应符合规定，砖缝大小适中；如果在门窗洞口的错缝压砖不能满足规定时，可以通过调整灰缝宽度来达到少破活；如果砖缝或垛角调整有困难时，可左右平移门窗洞口进行调整，但不得超过 60mm 范围；

3）主体第一皮排砖，山墙应排丁砖，前后檐墙应排跑砖，俗称"山丁檐跑"。砖墙的转角处和门、窗口膀处顶头砌法，顺砌层到头接七分头，丁砖层到头丁到丁，目的是错开砖缝，避免出现通缝；

4）当顺砖层出现 1/2 砖长时，在墙身中加一丁砖；当顺砖层出现 1/4 砖长时，在墙身中加一丁砖和七分头，并层层如此，不准移位。门、窗洞口两膀应对称砌筑，不得出现"阴阳膀"。

（3）计算排砖数

排砖数的计算，可参照下列公式进行。

1）求大墙面的排砖数，已知墙面长为 L（mm）：

丁砖层的丁砖数 $n = (L+10) \div 125$

顺砖层的顺砖数 $N = (L-365) \div 250$

2）求窗口下面的排砖数，已知窗宽为 B（mm）：

丁砖层的丁砖数 $n' = (B-10) \div 125$

顺砖层的顺砖数 $N' = (B-135) \div 250$

计算时，应先计算窗口部分，然后再算大墙的砖数。排砖时，如出现加有七分头或丁砖，应考虑加在窗口下的中间。在计算结果顺砖 N（N'）、丁砖 n（n'）出现小数时，则可依小数值情况调整灰缝、增减半砖或 1/4 砖。当顺砖出现半砖时，应将丁砖加在墙中间；当出现 1/4 砖时，则改用丁砖加七分头处理，仍然要砌在墙中间，并应层层如此，不得移位。

3）排砖后要用公式校对砖墙尺寸，分析是否符合排砖模数。

一顺一丁砌法：

砖墙长度 $= 2 \times$（七分头）$+ n \times$（顺砖）$+ (n+1) \times$（灰缝）

$\qquad = 38 + 25n$（cm）

骑马缝（五层重排砌法）：

砖墙长度 $= 2 \times$（七分头）$+ 2 \times$（丁砖）$+ n \times$（顺砖）$+ (n+3) \times$（灰缝）

$\qquad = 63 + 25n$（cm）

门窗口宽度：

$\qquad$ 门窗口宽度 $=$ 丁砖 $+ n \times$（顺砖）$+ (n+2) \times$（灰缝）

$\qquad\qquad = 13 + 25n$（cm）

公式中的 n 为砖条数目，13、25、38、63cm 分别为半砖、一砖、一砖半、二砖半加灰缝后的尺寸。

4）排砖摆底时，要有一个总体计划，既要保证错缝合理，又要保证清水砖墙面不出现改变竖缝的现象。在排窗间墙的摆底时，要将竖缝的尺寸分好缝，若墙体中需要破活丁砖或七分头，应排在窗口中间或附墙垛旁等不明显的位置。此外，还要顾及在门窗洞口上边砖墙合拢时不出现破活，从而使清水砖墙面美观整洁、缝路清晰。因此，排砖后要用上述公式校对砖墙尺寸，分析是否符合排砖模数；也可参照表 4-2 进行分析。

n	砖墙长度（一顺一丁）	砖墙长度（骑马缝）	门窗口宽度	n	砖墙长度（一顺一丁）	砖墙长度（骑马缝）	门窗口宽度
1	63	88	38	11	313	338	288
2	88	113	63	12	338	363	313
3	113	138	88	13	363	388	338
4	138	163	113	14	388	413	363
5	163	188	138	15	413	438	388
6	188	213	163	16	438	463	413
7	213	238	188	17	463	488	438
8	238	263	213	18	488	513	463
9	263	288	238	19	513	538	488
10	288	313	263	20	538	563	513

5）排砖计算举例。已知一幢清水砖墙平房平面图，如图 4-13 所示，计算山墙排砖摺底。

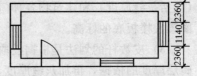

图 4-13　砖墙平房平面图

【解】　① 已知侧窗单侧墙长度为 $L=2360mm$

丁砖数 $n=(L+10)\div125$

$=(2360+10)\div125\approx19$（块丁砖）

顺砖数 $N=(L-365)\div250$

$=(2360-365)\div250\approx8$（块顺砖）

② 已知窗间墙长度为 $B=1140mm$

丁砖数 $n=(B-10)\div125$

$=(1140-10)\div125\approx9$（块丁砖）

顺砖数 $N=(B-135)\div250$

$=(1140-135)\div250\approx4$（块顺砖）

山墙砖数

丁砖 $=19\times2+9=47$ 块

顺砖 $=8\times2+4=20$ 块 $+4$ 个七分头

67

答：山墙丁砖可排 47 块，顺砖单排需 20 块整砖加 4 块七分头。

4. 盘角挂线

盘角挂线是指在砌墙过程中必须从墙的两端先砌的墙角引一根标准线，然后再依照挂好的标准线砌筑墙的中段。

（1）立皮数杆

盘角挂线前，应先在墙的四大角和转角处，以及内墙尽端和楼梯间处立皮数杆。

1）墙段内两根皮数杆之间的距离不应超过 15m。采用外脚手架时，皮数杆一般立在墙里侧；采用里脚手架时，皮数杆立在墙外侧。

2）皮数杆是瓦工砌墙时竖向尺寸的标志，用 5cm×7cm 的方木做成，长度应略高于一个楼层的高度。它表示墙体砖的层数（包括灰缝厚度）和建筑物各种门窗洞口的标高，预埋件、构件、圈梁及楼板底的标高。

3）皮数杆的划法是根据任取 10 块砖样总厚度的平均值作为砖层厚度的依据，再加灰缝厚度，即可划出砖灰层的皮数。常温施工用 10mm 灰缝，冬期施工用 8mm 灰缝。

4）如果楼层高度与砖层皮数不相吻合时，可以用灰缝厚薄调整，使其符合标高和整砖层。

5）基础部分皮数杆是由 ±0.000 标高往下划，到垫层顶面为止；基础以上部分由 ±0.000 标高往上划，楼房到二层楼地面上，平房到前后檐口为止。

6）皮数杆均立于同一标高上，并要抄平检查皮数杆的 ±0.000 与抄平桩上的 ±0.000 是否重合。底层立皮数杆的方法：在立杆处打一木桩，在木桩上测出 ±0.000 标高位置，然后把皮数杆上的 ±0.000 线与其对齐，用钉子钉牢。

（2）盘角

盘角又称立头角、把大角、升砖等。盘角时，除要选择平直、方整的砖外，还应该用七分头摺接、错缝砌筑，从而保证墙角竖缝错开。

盘角时，应随砌随盘，每盘一次角不要超过 5 皮砖，而且一定要随时吊靠，即用线坠和靠尺板对其校正，如遇偏差及时修正，保证砖角在一条直线上，并上下垂直。还应认真按皮数杆对照检查砖层和标高，做到水平灰缝均匀一致。

（3）挂线

挂线又称甩麻线、挂准线。砌筑墙体两盘角之间部分时，主要依靠挂线来保证砌筑质量，防止出现凹凸现象。一般墙厚370mm 以下的墙宜采用单面挂线，墙厚 370mm 及以上的墙宜采用双面挂线。

挂准线时，两端必须栓砖坠重拉紧，并在离墙角 20mm 处别上用细铁丝做成的挂线别子，防止线陷入灰缝中。

还有一种挂线方法，俗称栓立线，一般砌间隔墙时用。栓立线前应检查留槎是否垂直，如果不垂直应根据留槎情况调整立线使其垂直，将此立线两端栓紧在钉入纵墙水平灰缝的钉子上。根据栓好的垂直立线拉水平线，水平线的两端要由立线的里侧往外栓，两端的水平线要与砖缝一致，不得错层造成偏差。

砌墙时，要经常用眼睛穿看准线有没有拱线或塌腰的地方（中间下垂）。拱线处要把高出的障碍去除；塌线的地方，每隔4～5m 用"腰线砖"（在塌腰的地方垫一块砖）或别棍将线固定在同一水平面上，俗称挑线或咬线。

5. 砌墙操作工艺和要求

砌筑砖墙的操作工艺因地而异。当前常用的有："三一"砌砖法、坐灰砌砖法、铺灰挤砖法、满刀灰刮浆法和"二三八一"砌砖法等。

砌筑过程中必须注意做到"上跟线、下跟棱、左右相邻要对平"。"上跟线"是指砖的上棱必须紧跟准线，一般情况下，上棱与准线相距约 1mm，因为准线略高于砖棱，能保证准线水平颤动，出现拱线时容易发觉，从而保证砌筑质量。"下眼棱"是指砖的下棱必须与下层砖的上棱平齐，保证砖墙的立面垂直平整。"左右相邻要对平"是指前后、左右的位置要准确，砖面要平整。

砖墙砌到一步架高时，要用靠尺全面检查一下垂直度、平整度，因为它是保证墙面垂直平整的关键之所在。在砌筑过程中，一般应是"三层一吊，五层一靠"，即：砌三皮砖用线坠吊一吊墙角的垂直情况，砌五皮砖用靠尺靠一靠墙面的平整情况。同时，要注意隔层的砖缝要对直，相邻的上下层砖缝要错开，防止出现"游丁走缝"。

砖墙每天砌筑高度一般不得超过 1.8m，雨天不得超过 1.2m。墙的允许自由高度见表 4-4。

砖墙在砌筑时要达到以下三点：

1）横平竖直。为了保证墙体的稳定牢固，要求每一皮砖的灰缝横平竖直；如果灰缝不水平的话，在垂直荷载作用下就会产生滑动，而减弱墙体的强度。

2）砌缝交错。上下两皮砖的竖缝应当错开，同皮砖内外搭砌，避免砌成通天缝；如果墙体竖缝上下贯通很多，在荷载作用下，容易沿通缝裂开，使整个墙体丧失稳定而倒塌。

3）灰浆饱满，厚薄均匀。水平灰缝的砂浆饱满度不得小于 80%；竖缝宜采用挤浆或加浆方法，不得出现透明缝、瞎缝和假缝，严禁用水冲浆灌缝；有特殊要求的砌体，灰缝的砂浆饱满度应符合设计要求；如果砂浆不饱满，在荷载作用下，砖块就会断裂。

砖墙的水平灰缝厚度和竖向灰缝宽度宜为 10mm，但不应小于 8mm，也不应大于 12mm。

砌墙施工质量控制等级，依据施工技术和质量控制状况划分为三级，并应符合表 4-3 的规定。

砌墙施工质量控制等级的选用，应符合设计要求，当设计无规定时，可根据砌体工程类型由建设、设计、工程监理等单位共同确定。对重要的建筑物，宜优先选用 A 级，不应选用 C 级。

项　　目	施工质量控制等级		
	A	B	C
现场质保体系	制度健全,并严格执行;非施工方质量监督人员经常到现场,或现场设有常驻代表;施工方有在岗质监人员,并持证上岗	制度基本健全,并能执行;非施工方质量监督人员间断地到现场进行质量控制;施工方有在岗质监人员,并持证上岗	有制度;非施工方质量监督人员很少到现场进行质量控制;施工方有在岗质监人员
砂浆、混凝土强度	试块按规定制作,强度满足验收规定,离散性较小	试块按规定制作,强度满足验收规定,离散性较小	试块强度满足验收规定
砂浆拌合方式	机械拌合;配合比计量控制严格	机械拌合;配合比计量控制较严格	机械或人工拌合;配合比计量控制一般
砌筑工人技术等级	中级工以上,其中高级工不少于20%	高、中级工不少于70%	初级工以上

6. 砌筑留槎

砖墙在砌筑过程中,由于人员、技术、机械等多种因素,使同层所有墙体不能同时砌筑时需要留槎。如同一楼层内因砌墙和安装楼板要进行流水施工,就会出现分段砌筑的实际问题;又如一幢建筑有高低层时,为减少因地基沉降不均匀引起相邻墙体的变形和裂缝,也要将墙体分段,先砌高层部分,后砌低层部分。这样先后砌筑的两部分就有一个接槎。

(1)砖砌体工程工作段的分段位置,宜设在伸缩缝、沉降缝、防震缝、构造柱或门窗洞口处,相邻工作段的砌筑高度差,不得超过一个楼层的高度,也不宜大于 4m。

(2)砖砌体临时间断处的高度差,不得超过一步脚手架的高度。

(3)砌体工程施工质量验收规范》(GB 50203—2002)5.2.3明确规定:"砖砌体的转角处和交接处应同时砌筑,严禁无可靠措施的内外墙分砌施工。对不能同时砌筑而又必须留置的临时间断处应砌成斜槎。"

（4）烧结普通砖砌体的斜槎长度不应小于高度的 2/3，如图4-14 所示。

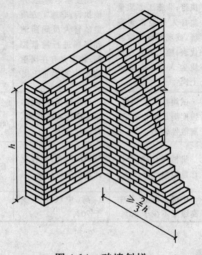

图 4-14　砖墙斜槎

（5）多孔砖砌体根据砖规格尺寸，留置斜槎的长高比一般为1：2。

（6）为减少接槎的工作量，适当地改变组砌方式，缩短斜档长度，可以采用 16 层退槎法，如图 4-15 所示，即每层砖退60mm，一步架斜槎撂底（也称放线）长度 870～1000mm（三砖半至四砖长）。

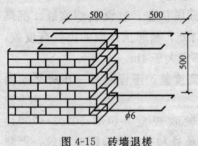

图 4-15　砖墙退槎

（7）非抗震设防及抗震设防烈度为 6 度、7 度地区，施工中必须留置的临时间断处，当不能留斜槎时，除转角处外，可留直槎，但直槎必须做成凸槎，并应加设拉结钢筋。拉结钢筋的数量为每 120mm 墙厚放置 1 根直径 6mm 的钢筋，间距沿墙高不得超过 500mm，埋入长度从墙的留槎处算起，每边均不应小于 500mm，对抗震设防烈度 6 度、7 度地区，不应小于 1000mm；末端应有 90°弯钩，如图 4-16 所示。

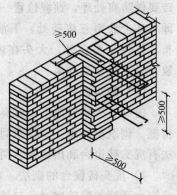

图 4-16　砖墙直槎

（8）隔墙与墙或柱不能同时砌筑而又不留成斜槎时，可于墙或柱中引出凸槎。非抗震设防区，除留凸槎外，灰缝中还应预埋拉结钢筋，其构造与上述直槎相同，且每道墙不得少于 2 根。

（9）砖砌体接槎时，必须将接槎处的表面清理干净，浇水湿润，并应填实砂浆，保持灰缝平直。

7. 洞口砌筑

砌筑洞口是指砌筑门窗口，包括：洞口的位置尺寸，木砖或预埋件的埋设，窗台的砌筑和过梁的设置等。

（1）洞口的位置

在开始排砖撂底时，就应考虑窗间墙及窗上墙的竖缝分配，合理安排七分头位置，还要考虑门窗框的设置方法。如采用立口，砌砖时，砖要离开门窗口 3mm 左右，不能把框挤得太紧，造成门窗框变形，门窗开启困难。如采用塞口，弹墨线时，墨线宽度应比实际尺寸大 10～20mm，以便后塞门窗框。

（2）预埋件埋设

砌筑门窗口时，应把木门窗框的木砖或钢门窗框的预埋铁砌入墙内，以保证门窗框与墙体的连接。以木门窗为例，其预埋木砖的数量由洞口的高度决定，洞口高 1.2m 以内，每边埋 2 块；洞口高 1.2～2m，每边埋 3 块；洞口高 2～3m，每边埋 4 块。木

73

砖要做防腐处理，预埋位置一般在洞口"上三下四，中档均分"，即木砖上放第三皮砖处，下放第四皮砖处，中间木砖要均匀分布，且将小头在外，大头在内，以防拉出。木砖不得错放、漏放，且不得事后剔凿。

（3）砌筑窗台

窗口墙砌到窗洞下口标高（大约1m左右）就要分窗口或立窗框、砌筑窗间墙。砌筑窗间墙前一般都要先砌窗台。窗台的砌法有虎头砖窗台和出檐窗台两种。

1）虎头砖窗台的砌法。在窗台标高下皮砖处，根据分口线将窗台两端的陡砖砌过分口线 100～200mm，并向外留 20mm 的泛水，挑出墙面 60mm。窗台两端的陡砖挑出后，在砖角上挂线，然后依线砌中间的陡砖。操作时，将砂浆打在砖的中间，四边留 10mm 左右，一块挤一块地侧砌，保证砂浆饱满，两块陡砖占据一块丁砖的位置。由于虎头砖都是清水砖，所以出挑的陡砖都要进行认真的挑选。

2）出檐窗台的砌法。在窗台标高下一皮砖处，根据所弹的分口墨线，把两端的丁砖砌过分口线 60mm，挑出墙面 60mm，窗台两端的丁砖挑出后，在砖角上挂线，然后依线砌中间的出檐砖。出檐砖的立缝要打碰头灰。如果几个窗口都出檐，应拉通线砌筑。

（4）砌筑窗间墙

窗台砌完后，应根据窗的安装方式（立口或塞口），全墙拉通线砌筑窗间墙。在砌窗边墙的第一块砖时，应注意窗两边的组砌方式对称，防止砌成阴阳脬（即窗口一侧为丁砖，另一侧为顺砖的不对称现象）。宽度小于 1m 的窗间墙，应选用整砖砌筑。半砖和破损的砖应分散使用在受力较小的砖体中心和墙心。

窗间墙砌至过深底标高时，要注意检查窗口两侧是否一样高。如果是钢筋混凝土预制过梁，应在支座墙上垫 1：2.5 水泥砂浆，将过梁安放平稳，并保证梁底标高比窗上口边框高出 15mm 以上。

（5）砌筑装饰线

窗套线、腰线、顶线都是外墙的装饰线，一般用丁砖挑出墙面 60mm，然后抹水泥混合砂浆或 1∶2 水泥砂浆，也可根据设计作水刷石、干粘石饰面。砌装饰线必须拉通线，腰线及顶线外口下面须做滴水，防止雨水污染墙面。

（6）墙洞留设

砌墙留洞包括预留管道洞口、脚手眼、施工洞等。管道洞口一般指暖气管道、上下水管道、电器箱及预埋穿线管、通风管道等。其位置和尺寸应按照水、暖、电施工图的要求，于砌筑墙体时正确留出或预埋。宽度超过 300mm 的洞口上部，应设置过梁或砌成平拱。

脚手眼是设置单排立杆脚手架预留的墙洞，墙体砌完后需堵上。当墙体砌筑到离地面或脚手板 1m 左右，应每隔 1m 左右留一个脚手眼。单排立杆脚手架若使用木质小横木，其脚手眼高三皮砖，形成十字洞口，洞口上砌三皮砖起保护作用。单排立杆脚手架若使用钢管小横木，其脚手眼为一个丁砖大小的洞口当脚手眼较大时，留设的部位应不影响墙的整体承载能力。下列墙体或部位中不得设置脚手眼：

1）120mm 厚砖墙；

2）宽度小于 1m 的窗间墙；

3）过梁上与过梁成 60°角的三角形范围及过梁净跨度 1/2 的高度范围内；

4）梁和梁垫下及其左右各 500mm 范围内；

5）门窗洞口两侧 200mm 和转角处 450mm 的范围内；

6）设计不允许设置脚手眼的部位。

施工洞是砌墙过程中为装修阶段运送材料和便于人员通行而留设的临时性洞口，一般设在外墙和单元楼的单元分隔墙上。洞口侧边离交接处的墙面不应小于 500mm；洞口顶部宜设置过梁。普通砖砌体也可在洞口上部采取逐层挑砖的方法封口，并应预埋水平拉结钢筋，洞口净宽度不应超过 1m；临时施工洞口的补砌，洞口周围砖的表面应清理干净，并浇水湿润，再用与原墙相同的材料补砌严密。

通气道、垃圾道等采用水泥制品时，接缝处外侧宜带有槽口，安装时除坐浆外，尚应采用 1:2 水泥砂浆将槽口填封密实。

8. 墙顶处理

墙顶是指楼板（屋面板）的支承处（即每层承重墙的最上一皮砖）和填充墙的顶面与上部结构接触处。

（1）承重墙顶处理

每层承重墙的最上一皮砖，240mm 厚墙应是整砖丁砌层。

（2）梁或梁垫下墙顶处理

梁或梁垫的下面应是整砖丁砌层。梁的两侧要留踏步槎或马牙槎，待梁安装后再砌两侧空隙部分的砖。如果大梁支承在外墙上，且支承长度占墙厚较多，梁头外面部分不够砌半砖或更薄，应打 2 寸条及 2 寸找把梁头包起来，或做假砖，以便保证清水砖墙的美观。

搁置预制板、过梁、梁垫的墙顶面应找平，并在安装时坐浆饱满；如果座浆厚度超过 20mm，则应用豆石混凝土铺垫。

（3）隔墙和填充墙的顶面处理

隔墙和填充墙的顶面与上部结构接触处，应在砌完平砖 3～5d 以后，砌体下沉稳定，用侧砖或立砖斜砌挤紧。

（4）坡屋顶房屋的山墙墙顶处理

坡屋顶房屋的山墙在墙顶的三角形部位称山尖。山墙砌至檐口标高后就要向上收砌山尖。

砌山尖的方法：皮数杆立在山墙中心，通过屋脊顶和前后挂斜线，收砌山尖时以斜线为准。

山尖墙上安完檩条后开始封山。封山分为平封山和高封山。

平封山，俗称插檩档子。封山前应检查山尖是否对中，房屋两端的山尖是否对称。达到质量要求后，按已放好的擦条上皮拉线，或按钉好的屋面板找平，将封山顶坡使用的砖砍成楔形，再砌成斜坡，抹灰找平。

高封山是山墙高于屋面的构造形式。

高封山的砌法：根据图纸要求高出屋面的尺寸，在脊檩端头钉一根挂线杆，自高封山顶部标高往前后撞头顶拉线，并且注意斜线的坡度与屋面坡度一致。向上收砌斜坡时，要与檐口处的撞头交圈。如果高封山高出屋面较多时，应在封山内侧 200mm 高处，向屋面一侧挑出一道 60mm 的滴水檐。高封山砌完后，在墙顶上砌一层或两层压顶出檐砖，最后抹灰。

撞头，俗称拔檐，是指山墙在前后檐口标高处挑出的檐子，其砌筑方法分为二层一挑、一层一挑、二层与一层相间出挑，且一般为清水檐子。拔檐时，应将砖的光面朝下，并用挂底线砌砖。砌砖时先砌内侧砖，后砌外口砖，并且要使灰缝外侧稍厚，内侧稍薄，避免出檐倾斜。

9. 清水砖墙勾缝

砌筑清水砖墙时，砖缝应随砌随划，划缝深度为 8～10mm，深浅要一致，并清扫干净，为勾缝做准备。

勾缝的作用是增加墙面美观，保护墙体的灰缝，免遭侵蚀。

（1）勾缝工具

勾缝的工具包括：开卧缝的瓦刀，开立缝的扁子（扁开刀）和硬木锤，勾缝用的有长溜子、短溜子、托灰板、报子，喷壶，接灰板，小铁桶，笤帚等。

（2）勾缝砂浆勾缝用的砂浆要用细砂拌制，筛砂用的筛子的孔径为 3mm，过筛后细砂粒径在 0.3～1.00mm 之间。勾缝砂浆配合比为：水泥：细砂＝1：1.5，水泥砂浆的沉入度值应控制在 30～50mm；也可根据需要在砂浆中掺入 10％～15％水泥用量的磨细粉煤灰，借以调剂颜色，增加和易性。内墙面也可采用原浆勾缝，但必须随砌随勾，并使灰缝光滑密实。

（3）勾缝准备

勾缝前的准备工作包括：搭架子，支安全网，墙面浇水湿润，弹线开缝，补缝，堵塞脚手眼，门窗周围填缝。

弹线开缝是指用粉线袋弹出立缝垂直线，将游丁偏差大的砖开补找齐；水平度不符合要求的灰缝、两块砖靠在一起的暗缝、砌墙时划缝过浅的灰缝也需弹线开缝。开缝后的灰缝宽度应一致，深度控制在 8～10mm 之间，并清扫干净。

补缝是对缺棱掉角的砖和游丁的立缝进行修补，补缝砂浆的颜色必须和砖的颜色一致。

（4）勾缝的种类

勾缝的种类分为平缝、凹缝、风雨缝等。外墙一般勾凹缝，内墙勾平缝，烟囱勾风雨缝。当设计无特殊要求时，凹缝深度宜为 4～5mm。

（5）勾缝的方法

勾缝的方法叫叨缝操作法。勾缝的顺序是自上而下，自右向左，先勾水平缝，后勾立缝，勾完一段墙后，用笤帚清扫墙面砂浆，达到墙面洁净。

勾水平缝用长溜子，左手拿托灰板，右手拿长溜子，将托灰板顶在要勾的缝口下边，右手用长溜子将灰浆压入缝内（称作喂缝），自右向左随勾随移动托灰板，勾完一段后用溜子自右向左在砖缝内溜压密实，平整抹光，保持深浅一致。

勾立缝用短溜子，在托灰板上把灰刮起（称作叨灰），然后勾入立缝，塞压密实，平整抹光。

墙面勾缝应横平竖直，深浅一致，搭接平整，压实抹光，不得有丢缝、开裂、粘结不牢和污染墙面等现象。

（6）墙面转角处勾缝

阳角的水平缝转角要方正；阴角的竖缝要勾成弓形缝，左右分明，不要从上到下勾成一条直线。门窗口边框的缝要用灰浆堵塞严实，深浅一致。砖拱灰缝要勾立面和底面。虎头砖要勾三面，转角处要方正。具体勾缝方法同前。

勾缝完毕，应清扫墙面。

（三）砖柱砌筑

砖柱分为独立柱和壁柱两种。

1. 独立砖柱

独立砖柱大多用来支承上部楼盖系统传来的集中荷载。如果砖柱承受的荷载较大时，可在水平灰缝中配置钢筋网片，或采用配筋组合砌体，在柱顶端做混凝土块，使集中荷载均匀地传递到砖柱断面上。

（1）砖柱的断面形式

独立砖柱，按是否抹面分为清水砖柱和混水砖柱；

按断面形式分为方形柱、矩形柱、圆形柱、六角形柱、八角形柱。

方形柱或矩形柱的断面最小尺寸一般为 240mm×365mm。

（2）砖柱的砌法

砖柱应采用烧结普通砖与水泥砂浆（或水泥混合砂浆）砌筑，砖的强度等级不低于 MU10，砂浆强度等级不低于 M5。

砖柱分皮砌法视柱断面尺寸而定，应使柱面上下皮砖的竖向灰缝相互错开 1/4 砖长，在柱心无通天缝（不可避免除外），少打砖。严禁采用包心砌法，即先砌四周后填心的砌法。

独立砖柱的组砌方法如图 4-17 所示。

独立砖柱砌筑时，可立固定皮数杆。当几个砖柱在一条直线上时，可先砌两砖柱再拉准线，依准线砌中间部分砖柱，并用流动皮数杆检查各砖柱的高低。当基础顶面高低不平时要找平，高差小于 30mm 时，用 1∶3 水泥砂浆找平；高差大于 30mm 时，用细石混凝土找平；保证每根柱的第一皮砖在同一标高上。

砖柱的水平灰缝厚度和竖向灰缝宽度宜为 10mm，但不应小于 8mm，也不应大于 12mm。灰缝中砂浆应饱满，水平灰缝的砂浆饱满度不得小于 80%，竖缝宜采用加浆方法，不得出现透

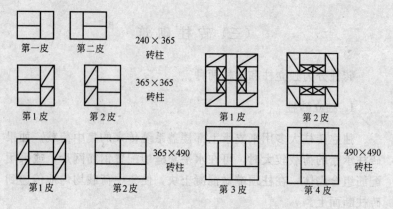

图 4-17　砖柱组砌方法

明缝、瞎缝和假缝。

砖柱砌筑时要经常用线坠吊角，用 2m 靠尺和塞尺检查垂直平整度，清水砖柱的表面平整度偏差不大于 5mm，混水砖柱的表面平整度偏差不大于 8mm。

砌砖柱的脚手架，要围着柱子四周架空搭设牢靠，不许把架子靠在柱子上，更不允许在柱身上留置脚手眼。

砖柱每天砌筑高度不宜超过 2.4m。尚未安装楼板或屋面的墙和柱，当可能遇大风时，其允许自由高度不得超过表 4-4 的规定。如超过表列限值，必须采用临时支撑等有效措施。

当砖柱与非承重隔墙交接时，应在柱子上预留拉结钢筋。禁止在砖柱内留母槎。

多层砖柱结构，在砌上一层砖柱前，应核对其位置是否与二层柱重合，一定要防止落空砌筑。

清水砖柱组砌时，要注意两边对称，防止砌成阴阳柱。同一轴线上有多根清水砖柱组砌时，应注意相邻柱的外观对称一致。

砌完一步架后，要刮缝清扫柱面以备勾缝。

(3) 砖圆柱及多角形柱的砌法

1) 定位。根据设计图纸上各砖柱的位置，从标志板或其他标志上引出柱子的定位轴线，并按柱的断面形式和尺寸弹出外轮廓线。

墙和柱的允许自由高度 表 4-4

墙(柱)厚(mm)	墙和柱的允许自由高度(m)					
	砌体密度＞1600kg/m³（实心砖墙、石墙）			砌体密度 1300～1600kg/m³（空心砖墙、空斗墙）		
	风载(kN/m²)			风载(kN/m²)		
	0.3（大致相当于7级风）	0.4（大致相当于8级风）	0.5（大致相当于9级风）	0.3（大致相当于7级风）	0.4（大致相当于8级风）	0.5（大致相当于9级风）
190	—	—	—	1.4	1.1	0.7
240	2.8	2.1	1.4	2.2	1.7	1.1
370	5.2	3.9	2.6	4.2	3.2	2.1
490	8.6	6.5	4.3	7.0	5.2	3.5
620	14.0	10.5	7.0	11.4	8.6	5.7

注：1. 本表适用于施工处相对标高（H）在 10m 范围内的情况。如 10m＜H≤15m，15m＜H≤20m 时，表中的允许自由高度应分别乘以 0.9、0.8 的系数；如 H＞20m 时，应通过抗倾覆验算确定其允许自由高度。

2. 当所砌筑的墙有横墙或其他结构与其连结，而且间距小于表列限值的 2 倍时，砌筑高度可不受本表的限制。

2）摆砖。为了使砖柱上下错缝、内外搭接合理，不出现包心现象，又要少破活，少砍砖，减轻劳动强度，达到外形美观的目的，应按弹线尺寸，多试摆几种组砌形式，选择较为合理的一种组砌方法。

3）加工砖块。根据柱截面形式和组砌方式制作木套板。圆柱制作弧形砖的木套板，多角形柱制作切角砖的木套板。

砌筑前，按木套板加工所需的各种弧面的弧形砖或各种角的切角砖。

4）砌筑砌筑圆形砖柱前，应制作出同直径的外圆套板，以备随时检查砌筑圆弧的质量。外圆套板可以作成柱周的 1/4 弧和 1/2 弧两种。应在砌筑一皮圆柱后，用套板沿柱圆周检查一次弧面的弯曲程度，每砌 3～5 皮砖，要用靠尺板在不少于 4 个固定检查点进行垂直度检查。

砌筑多角形柱时，当砌筑 3～5 皮砖后，要用线坠检查每个角的垂直度，保证棱角直上直下，还要用靠尺板检查柱的每个侧面，发现问题及时纠正。

砌筑门厅、雨篷两侧面的清水柱，排砖要对称，加工出的异型砖也要对称（即砖的弧度与角度按套板对称加工），加工后侧面须磨刨平整，并编号，分类堆放，以编号砌筑。

2. 壁柱

壁柱，又称砖垛、附墙垛。壁柱与墙体连在一起，共同支承屋架或大梁，同时增加墙体的强度和稳定性。

（1）壁柱的截面尺寸

壁柱以凸出墙面的截面尺寸来描述，如凸出 120mm，宽 240mm；凸出 240mm，宽 240mm；凸出 360mm，宽 360mm 等。

（2）壁柱的砌法

壁柱宜采用烧结普通砖与水泥砂浆（或水泥混合砂浆）筑。砖的强度等级不低于 MU10，砂浆强度等级不低于 M5。

壁柱的砌筑方法，应根据不同墙厚及壁柱大小而定。无论哪种砌法都应使墙与壁柱逐皮搭接咬合，搭接长度至少 1/4 砖长，并根据错缝的需要，采用"七分头"进行组砌。墙与壁柱必须同时砌筑，不得留槎。同一道墙上多个壁柱应拉通线控制壁柱的外侧尺寸，并保持在同一直线上。

壁柱的组砌方法，如图 4-18 所示。

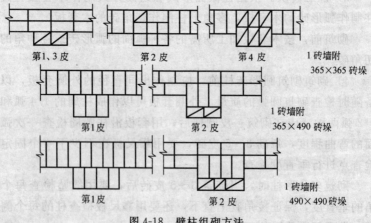

图 4-18　壁柱组砌方法

（四）砖过梁砌筑

过梁是墙体洞口承受洞口上面荷载的承重构件。

砖过梁有平拱式过梁、弧拱式过梁及平砌式过梁。

1. 平拱式过梁

平拱式过梁，又称平拱、砖平碹。它是由烧结普通砖与水泥砂浆（或水泥混合砂浆）砌成。砖块侧砌，立面呈楔形，上宽下窄；拱厚等于墙厚，拱高为一砖或一砖半，如图 4-19 所示。

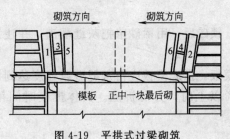

图 4-19　平拱式过梁砌筑

（1）砖砌平拱式过梁的适用范围

一般情况下，平拱式过梁适用于 1m 左右宽的门、窗洞口，但不得超过 1.4m。当平拱式过梁的上部有集中荷载，或抗震设防烈度在 8 度以上时，不应采用砖砌平拱式过梁。

（2）砖砌平拱式过梁的砌筑方法

1）碹肩。当墙砌到门窗洞口上平时，就要在洞口两侧墙上留出 20～30mm 的错台，以备拱碹支承传力。

2）碹肩子。从错台上砌筑平碹的两膀墙即为碹肩子。除清水砖墙以外，其他的碹肩子要砍成坡度，坡度大小根据平碹的高度决定。一砖高的平碹，上端约倾进去 30～40mm；一砖半高的平碹，上端倾进去 50～60mm。

3）支碹胎模板。碹肩子砌到要求高度后，在平碹底面位置支碹胎模板。模板长度等于洞口宽度，宽度等于墙身厚度。模板固定后，在模板上铺一层湿砂，湿砂中间厚 20mm，两端厚 5mm。达到起拱 1%～2%的要求。

4）发碹。发碹与摆砖撂底类似。发碹前在模板侧面画出砖的厚度及灰缝宽度，砖的块数应为单数，两边要互相对称。发碹时由两边同时向中间砌，正中一块砖要挤紧。

砌筑时，在砖面中间打上缩口灰用手挤砖，使之紧贴于已砌好的立砖。打缩口灰时，应上稍厚，下稍薄，平碹上口（过梁顶部）的灰缝宽度不应大于 15mm，平碹下口（过梁底部）的灰缝宽度不应小于 5mm。

5）锁砖。发碹时，中间一块砖两面打灰，往下挤塞牢固称为锁砖。

6）灌缝。锁砖后，用稀砂浆把灰缝灌满，并注意不要弄脏清水砖碹面。

7）拆除模板。拱底模板应待灰缝砂浆强度达到设计要求强度等级的 50%以上时，方可拆除。具体拆模时间可参考表 4-5 进行。

砖过梁拆模时间参考表   表 4-5

施工温度(℃)	普通水泥(d)	矿渣、火山灰水泥(d)
5～10	15	25
11～15	9	15
16 以上	6	10

2. 弧拱式过梁

弧拱式过梁，又称弧拱、弧碹。它是由烧结普通砖与水泥砂浆（或水泥混合砂浆）砌筑而成。砖块侧砌，立面呈圆弧形；拱的厚度等于墙厚，拱高为一砖或一砖半，如图 4-20 所示。

当墙砌到门窗洞口顶时，就要依据拱的两边倾斜度，将拱两边的墙端砌成斜面。

砌筑弧拱时，先根据其跨度及拱度支模、发碹。支模、发碹

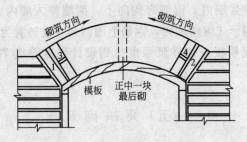

图 4-20 弧拱式过梁砌筑

与平碹一样，但应注意做到竖缝与胎模面垂直。弧拱的灰缝应呈放射状，拱顶灰缝为 15～20mm，拱底灰缝为 5～8mm。如采用加工好的楔形砖（砖块一头大一头小），砌筑时大头朝上，小头朝下，上下灰缝宽度保持一致，并控制在 8～10mm。

拱底模板应待灰缝砂浆强度达到设计强度等级的 50% 以上时，方可拆除，具体拆模时间可参考表 4-5 进行。

3. 平砌式过梁

平砌式过梁，又称钢筋砖过梁。它是由烧结普通砖与水泥砂浆（或水泥混合砂浆）砌筑而成。砖块平砌，下面设置钢筋。钢筋直径为 6～8mm，间距不大于 120mm；钢筋两头弯成方钩，弯钩向上伸入墙内不小于 240mm。过梁的高度不应少于 5 皮砖，同时不少于跨度的 1/ 4；过梁应砌过门窗洞口两侧，每边不少于 240mm。在过梁受力范围内（钢筋以上 7 皮砖

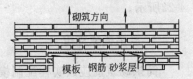

图 4-21 平砌式过梁砌筑

高），砖的强度等级不低于 MU10，砂浆的强度等级不低于 M5，如图 4-21 所示。

当砌墙到门窗洞口顶时，就要支模板，模板起拱应为跨度的 5%～10%。门窗洞口两侧砖墙，应砌至高出门窗口上平 15～20mm。砌筑时，先在模板上铺 30mm 厚的 1：3 水泥砂浆，将

钢筋放入砂浆层内，钢筋弯钩向上，两端伸入墙内 240mm。再按砖墙组砌形式继续砌砖，钢筋上面的第一皮砖宜为丁砌砖。

过梁底模板应待砂浆强度达到设计强度等级 70％以上时，方可拆除。

（五）筒 拱 砌 筑

1. 筒拱的形式

砖筒拱，又称筒子碹，单曲拱。它是由烧结普通砖与水泥砂浆（或水泥混合砂浆）砌筑而成。砖的强度等级不低于 MU10，砂浆强度等级不低于 M5。

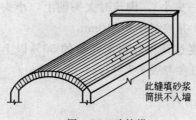

此缝填砂浆筒拱不入墙

图 4-22　砖筒拱

砖筒拱的厚度不小于半砖。筒拱纵向灰缝应与筒拱的横断面垂直，拱脚斜面应与筒拱轴线垂直。半砖厚的筒拱，横向灰缝应相互错开 1/2 砖长；一砖厚的筒拱，横向灰缝至少应相互错开 1/2 砖长，如图 4-22所示。

2. 筒拱模板支设

筒拱砌筑前应放实样配制模板。模板安装尺寸的允许偏差应符合下列规定：

（1）在任何点上的竖向偏差，不应超过该点拱高的 1/200；

（2）拱顶位置沿跨度方向的水平偏差，不应超过矢高的 1/200（矢高是拱顶至拱脚连线的距离）。

3. 筒拱砌筑方法

（1）拱脚上面 4 皮砖和拱脚下面 6～7 皮砖的墙体部分，砂浆强度等级不应低于 M5。当这部分墙体的砂浆强度达到设计强度的 50％以上时，方可砌筑拱体。

（2）砖筒拱砌筑宜采用"满刀灰刮浆法"。拱体的砌合应错缝。从拱脚两侧开始同时向拱顶砌筑，拱顶的中间一块"锁砖"必须塞紧。拱体的纵、横灰缝应全部用砂浆填满，拱底灰缝宽度宜为 5～8mm，拱顶灰缝宽度不宜超过 15mm。拱座斜面应与筒拱轴线垂直，筒拱的纵向缝应与拱的横断面垂直。

（3）筒拱的纵向两端不应砌入墙内，其两端与墙面接触处的缝隙，应用砂浆填塞。

（4）多跨连续拱的相邻各跨，如不能同时施工，应采取抵消横向推力的措施。

（5）穿过拱体的洞口应在砌筑时留出，洞口的加固环应与周围砌体紧密结合。不得在已砌完的拱体上任意凿洞。

（6）筒拱砌完后应进行养护，养护期内应防止冲刷、冲击和振动。

（7）筒拱的模板，应在保证横向推力不产生有害影响的条件下，且砂浆强度达到设计强度 70％以上时，方可拆移。拆移模板时，应先将模板均匀下降到 50～200mm，并对拱体进行检查，认为没有问题后方可全部拆除。

（8）有拉杆的筒拱，应在拆移模板前，将拉杆按设计要求拉紧，同跨内各根拉杆的拉力应均匀。

（六）空斗墙砌筑

空斗墙是用烧结普通砖砌成墙心有空气间层的墙。与实心墙相比，节省材料，减轻自重，降低造价，但保温性能和整体稳定性差。

1. 空斗墙的砌筑形式

空斗墙的砌筑形式有一眠一斗、一眠二斗、一眠多斗、无眠空斗等，如图 4-23 所示。

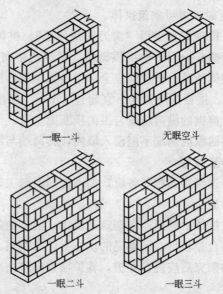

一眠一斗　　　　　　无眠空斗

一眠二斗　　　　　　一眠三斗

图 4-23　空斗墙砌筑法

大面向外平行于墙面的侧砌砖称为斗砖，垂直于墙面的平砌砖称为眠砖，垂直于墙面的侧砌砖称为丁砖。

空斗墙的所有斗砖或眠砖上下皮都要错缝。每隔一块斗砖必须砌 1～2 块丁砖，墙面不应有竖向通缝。

2. 空斗墙的适用范围

空斗墙一般适用于 1～3 层低层民宅、单层仓库、食堂、振动较小的车间外墙，以及框架结构的填充墙。

空斗墙的整体稳定性差，不适用于下列地区或房屋：抗震设防区；地基可能不均匀沉降的房屋；长期处于潮湿的房屋；管道多的房屋。

空斗墙的抗压承载力低，下列部位应砌成实砌体（平砌或侧砌）：

1）墙的转角处和交接处；

2）室内地坪以下的全部砌体；

3）室内地坪和楼板面上 3 皮砖部分；

4）三层房屋外墙底层窗台标高以下部分；

5）楼板、圈梁、搁栅和檩条等支承面下 2～4 皮砖的通长部分，砂浆的强度等级不应低于 M2.5；

6）梁和屋架支承处按设计要求实砌的部分；

7）壁柱和洞口的两侧 240mm 范围内；

8）屋檐和山墙压顶下的 2 皮砖部分；

9）楼梯间的墙、防水墙、挑檐以及烟道和管道较多的墙；

10）作填充墙时，与框架拉结筋的连接处；

11）预埋件处。

3. 空斗墙的砌筑

（1）空斗墙应用整砖和水泥混合砂浆砌筑。

（2）砌筑前应试摆，不够整砖处，可加砌丁砖，不得砍凿斗砖。

（3）在有眠空斗墙中，眠砖层与丁砖接触处，除两端外，其余部分不应填塞砂浆。

（4）空斗墙中留置的洞口，必须在砌筑时留出，严禁砌完后再进行砍凿。

（5）空斗墙与实砌体的竖向连接处，应相互搭砌。

（6）空斗墙的水平灰缝厚度和竖向灰缝宽度一般为 10mm，但不应小于 7mm，也不应大于 13mm。

（7）空斗墙的尺寸和位置的偏差，如超过规定的限值时，应拆除重砌或作补救处理，不应采用敲击的方法矫正。

（七）空心砖墙砌筑

空心砖墙是用各种规格的空心砖和强度等级不低于 M2.5 的砂浆砌筑而成。

空心砖墙仅作为隔墙，不能承重。

1. 空心砖墙的组砌形式

空心砖墙宜采用"满刀灰刮浆法"进行砌筑。空心砖墙组砌为十字缝，上下皮竖缝相互错开 1/2 砖长，砖孔方向应符合设计要求。当设计无具体要求时，宜将砖孔置于水平位置；当砖孔垂直砌筑时，水平铺灰应用套板。砖竖缝应先挂灰后砌筑。空心砖墙底部应砌烧结普通砖或多孔砖，其高度不宜小于 200mm 如图 4-24 所示。

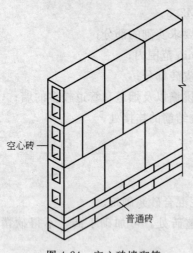

空心砖

普通砖

图 4-24　空心砖墙砌筑

（1）施工准备

空心砖的运输、装卸过程中，严禁抛掷和倾倒。进场后应按品种、规格分别堆放整齐，堆置高度不宜超过 2m。

砌筑前 1～2d 浇水湿润，含水率宜为 10%～15%。

因空心砖不易砍砖，应准备切割用的砂轮锯砖机，以便组砌时用半砖或七分头。

（2）排砖撂底

1）空心砖墙排砖撂底时应按砖块尺寸和灰缝计算皮数和排数，水平灰缝厚度和竖向灰缝宽度为 8～12mm；

2）排列时在不够半砖处，可用普通粘土砖补砌；

3）门窗洞口两侧 240mm 范围内应用普通黏土砖排砌；

4）每隔 2 皮空心砖高，在水平灰缝中放置 2 根直径 6mm 的拉结钢筋；

5）上下皮砖排通后，应按排砖的竖缝宽度要求和水平灰缝厚度要求拉紧通线，完成撂底工作。

（3）砌筑墙身

空心砖墙砌筑时，要注意上跟线、下对楞。砌到高度1.2m以上时，脚手架宜提高小半步，使操作人员体位高，调整砌筑高度，从而保证墙体砌筑质量。

（4）砌筑转角及丁字交接处

空心砖墙的转角处及丁字墙交接处，应用普通粘土砖实砌。转角处砖砌在外角上，丁字交接处砖砌在纵墙上。盘砌大角不宜超过3皮砖，且不得留直槎，砌筑过程中要随时检查垂直度和砌体与皮数杆的相符情况。内外墙应同时砌筑，如必须留槎，应砌成斜槎，斜槎长厚比应按砖的规格尺寸确定。

（5）墙顶砌筑

空心砖墙砌至接近上层梁、板底时，应留一定空隙，待墙砌筑完并应至少间隔7d后，再采用侧砖、或立砖、或砌块斜砌挤紧，其倾斜度宜为60°左右，砌筑砂浆应饱满。

（6）墙与柱连接

空心砖墙于框架柱相接处，必须把预埋在框架柱中的拉结筋砌入墙内。拉结筋的规格、数量、间距、长度应符合设计要求。空心砖墙与框架柱之间缝隙应采用砂浆填满。

（7）预留孔洞

空心砖墙中不得留设脚手眼。墙上的管线留置方法，当设计无具体要求时，可采用弹线定位后凿槽或开槽，不得斩砖预留槽。

（8）灰缝要求空心砖墙的灰缝应横平竖直，砂浆密实，水平灰缝砂浆饱满度不得低于80%，竖缝不得出现透明缝、瞎缝和假缝。

（9）高度控制

空心砖墙每天砌筑高度不得超过1.2m。

（八）多孔砖墙砌筑

多孔砖墙是用M型多孔砖或P型多孔砖与强度等级不低于

M2.5 砂浆砌筑而成。

多孔砖不能用于砌基础、水箱、柱、过梁以及筒拱等。

1. 多孔砖墙的组砌形式

多孔砖墙宜采用一顺一丁或梅花丁的砌筑形式。多孔砖的孔洞应垂直于受压面，如图 4-25 和图 4-26 所示。

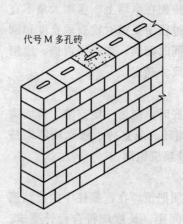

图 4-25 M 型多孔砖砌筑

2. 多孔砖墙施工要点

（1）施工准备

多孔砖墙砌筑时，砖应提前 1～2d 浇水湿润，含水率宜为 10%～15%。

（2）排砖撂底

多孔砖墙排砖撂底时应按砖的尺寸和灰缝计算皮数和排数，水平灰缝厚度和竖向灰缝宽度为 8～12mm。多孔砖从转角或定位处开始向一侧排砖，内外墙同时排砖，纵横墙交错搭接，上下皮错缝搭砌。上下皮砖排通后，按排砖的竖缝宽度和水平缝厚度要求拉紧通线，完成撂底工作。

（3）砌筑墙身

多孔砖砌筑时，要注意上跟线、下对楞。灰缝应横平竖直，

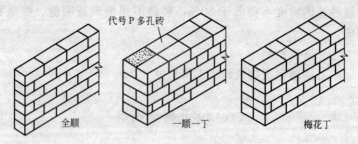

图 4-26 P 型多孔砖砌筑

92

水平灰缝砂浆饱满度不得小于 80%；竖缝应刮浆适宜并加浆填灌，不得出现透明缝、瞎缝和假缝，严禁用水冲浆灌缝。

多孔砖墙砌到高度 1.2m 以上时，脚手架宜提高小半步，使操作人员体位高，调整砌筑高度，从而保证墙体砌筑质量。

(4) 砌筑转角及交接处

多孔砖墙的转角处和交接处应同时砌筑，严禁无可靠措施自内外墙分砌施工。对不能同时砌筑而又必须留置的临时间断处应砌成斜槎。M 型多孔砖墙的斜槎长度应不小于斜槎高度；P 型多孔砖墙的斜槎长度应不小于斜槎高度的 2/3。施工中不能留斜槎时，除转角处，可留直槎，但直槎必须做成凸槎，并应加设拉结钢筋，拉结筋的数量、间距、长度应满足设计要求。

(5) 预埋木砖、铁件和脚手眼

多孔砖墙门、窗洞口的预埋木砖、铁件等应采用与多孔砖横截面一致的规格。

多孔砖墙的下列部位不得设置脚手眼：

1) 宽度小于 1m 的窗间墙；

2) 过梁上与过梁成 60°角的三角形范围及过梁净跨度 1/2 的高度范围内；

3) 梁和梁垫下及其左右各 500mm 范围内；

4) 门、窗洞口两侧 200mm 和转角处 450mm 的范围内。

(6) 墙顶处理

多孔砖坡屋顶房屋的顶层内纵墙顶，宜增加支撑端山墙的踏步式墙垛。

(九) 异形砖墙砌筑

异形砖墙是指墙的转角不是 90°角而是异形角的砖墙。一般形式有多角形墙、弧形墙等。多角形墙的转角可分为钝角和锐角两种形式，如图 4-27 所示。

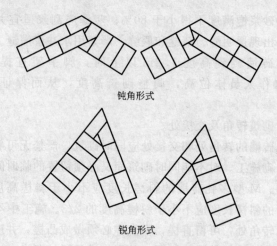

钝角形式

锐角形式

图 4-27 多角形墙转角形式

1. 砌筑前准备

（1）检查工具

异形墙砌筑前应根据施工图上注明的角度与弧度，放出局部实样，按实墙做出异形套板，若墙面是由几个角或弧度组合的，就要做出几种套板，作为砌砖时检查墙面垂直度或弧度的工具。

（2）材料

砌异形砖墙宜采用 MU7.5 以上的砖，外观应达到规格一致、棱角方正。按图要求做好转角部位异型砖的加工样板，依照样板加工异型砖。如异型砖的砍切加工有困难时，可用 C10 以上细石混凝土加工异型砖代替机制粘土异型砖。砌筑砂浆强度等级不低于 M2.5。

（3）弹线定位

异形砖墙砌筑前，应按施工图要求弹出墙的中心线，套出墙边线，用样板检查墙角是否符合要求。

2. 排砖撂底

多角形砖墙，应根据所弹出的墨线，在墙交角处用干砖试砌，观察哪种错缝方式可以少砍砖，收头又较好，角尖处搭接比较合理。异形角处的错缝搭接和交角咬合必须符合砌筑的基本规则，错缝应不小于 1/4 砖长，在转角处切成的异型砖要大于七分头的尺寸。如外墙为清水砖墙，砍切部分表面要磨光。

弧形砖墙，应根据所弹出的墨线，在弧段内试砌并检查错缝，排砖时头缝最小不小于 7mm，最大不大于 12mm。在弧度较大处，采用丁砌法；弧度较小处，采用丁顺交错的砌法，排砖形式同直线墙的一顺一丁一样；弧度急转处，可加工成异型砖、弧形砖，使头缝能达到均匀一致的要求。

排砖后，用样板检查符合要求，才能进行正式砌筑。

3. 异形砖墙的砌筑

（1）多角形砖墙砌筑多角形砖墙砌筑同直角墙一样，先在转角处摆角，底层 5 皮砖砌好后，用套板及靠尺板检查砖墙的角度、垂直度、平整度，并在靠近墙 400～500mm 的两边墙上确定 4～6 个固定检查点，再以砌好的 5 皮砖墙为标准，继续向上砌筑。砌筑时，要随时用靠尺板、线坠在固定检查点处检查墙的垂直度、平整度，检查位置不可随意移动。还要随时用套板检查异形角的角度，角与角之间可以拉通线，必要时拉双线。皮数杆应立在每个墙角处，砌筑时复准皮数，以免弯曲及凹凸。其他操作方法与普通砖墙基本相同。

（2）弧形砖墙砌筑弧形砖墙砌筑时，应用弧形墙样板控制墙体。砌筑过程中，每砌 3～5 皮砖后用弧形样板沿弧形墙全面检查一次，查看弧度是否符合要求。垂直方向确定几个固定检查点，用靠尺板、线坠检查垂直度，发现偏差立即纠正。其他操作方法与多角形墙相同。

（十）花饰墙砌筑

花饰墙（花栅）是用砖（普通黏土砖、大孔空心砖）或预制花格（水泥预制花栅和花格、饰花案的板块）或小青瓦等砌成的各种图案的墙，如图 4-28 所示。花饰墙多用于庭院、公园、公共建筑的围墙及建筑物的阳台栏杆等处。

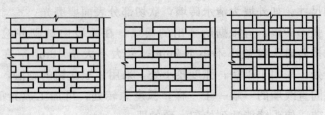

图 4-28　花饰墙

1. 放样

砌筑前应按图纸要求选用花饰墙的材料、规格，放出施工大样图。

2. 编排图案

将所砌的制品或砖、瓦等，按照花饰墙的高度、宽度和间距大小，依大样图实地排出花饰墙的图案实样，编排时必须熟悉和掌握图案的节点处理方法。根据实样，对拼砌材料依次编号，整理出花饰墙的搭砌顺序。

3. 砌筑

砌筑前应对材料进行挑选，对规格大小、缺棱掉角、翘曲和裂缝的予以剔除。砌筑时，按编号顺序用 M5 以上水泥混合砂浆逐一搭砌，接头处要锚固砌牢，并按照错开成型的图案花格，使上下左右整齐对称。搭砌一般从下往上砌，不仅用线吊，还要用靠尺靠平。多层阳台可以先砌上层，再砌下层。砌筑时要适当控制砌筑面积，不能一次或连续砌得太多，防止因砂浆凝固前出现失稳和倾斜，每一次的砌筑高度视材料情况而定。

4. 检查

花饰墙应随砌随检查，每一次检查应在砂浆未硬化前，发现偏差及时纠正。

5. 清理

检查达到要求后，应对墙面进行清理，对缝口不密实处用砂浆勾勒密实。

（十一）配筋砖砌体砌筑

1. 网状配筋砖柱砌筑

网状配筋砖柱是指水平灰缝中配有钢筋网的砖柱。网状配筋砖柱宜采用不低于 MU10 的烧结普通砖与不低于 M5 的水泥砂浆砌筑。

钢筋网有方格网和连弯网两种。方格网的钢筋直径为 3～4mm，连弯网的钢筋直径不大于 8m。钢筋网中钢筋的间距不应大于 120mm，且不应小于 30mm。钢筋沿砖柱高度方向的间距不应大于 5 皮砖，且不应大于 400mm。当采用连弯网时，网的钢筋方向应互相垂直，沿砖柱高度方向交错设置，连弯网间距取同一方向网的间距，如图 4-29 所示。

网状配筋砖柱砌筑同普通砖柱一样要求。设置在砌体水平灰缝内的钢筋，应居中置于灰缝中。水平灰缝厚度应大于钢筋直径4mm 以上。砌体外露面砂浆保护层的厚度不应小于 15mm。

设置在砌体水平灰缝内的钢筋应进行防腐保护，可在其表面涂刷钢筋防腐涂料或防锈剂。

2. 组合砖砌体砌筑

组合砖砌体是由砖砌体和钢筋混凝土面层或钢筋砂浆面层组成的，有组合砖柱、组合砖垛、组合砖墙等，如图 4-30 所示。

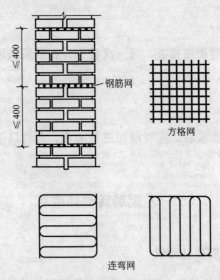

钢筋网

方格网

连弯网

图 4-29 网状配筋砖柱

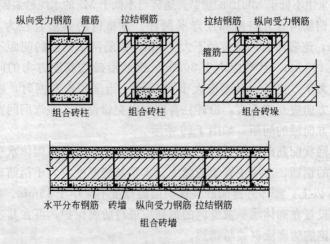

纵向受力钢筋 箍筋 拉结钢筋 拉结钢筋 纵向受力钢筋

箍筋

组合砖柱 组合砖柱 组合砖垛

水平分布钢筋 砖墙 纵向受力钢筋 拉结钢筋

组合砖墙

图 4-30 组合砖砌体

组合砖砌体所用砖的强度等级不应低于 MU10，砌筑砂浆强度等级不应低于 M5。面层厚度为 30～45mm 时，宜采用水泥砂浆，水泥砂浆强度等级不低于 M7.5。面层厚度大于 45mm 时，宜采用混凝土，混凝土强度等级宜采用 C15 或 C20。

受力钢筋宜采用 HPB235 级钢筋，对于混凝土面层也可采用 HRB335 级钢筋。受力钢筋的直径不应小于 8mm，钢筋的净间距不应小于 30mm。

箍筋的直径为 4～6mm，箍筋的间距为 120～500mm。

组合砖墙的水平分布钢筋竖向间距及拉结钢筋的水平间距，均不应大于 500mm。

组合砖砌体施工时，应先砌筑砖砌体部分，并按设计要求在砌体中放置箍筋或拉结钢筋。砖砌体砌到一定高度后（一般不超过一层楼的高度），绑扎受力钢筋和水平分布钢筋，支设模板，自浇水湿润砖砌体，浇筑混凝土面层或水泥砂浆面层。

当混凝土或水泥砂浆的强度达到设计强度 30％以上时，方可拆除模板。

3. 构造柱施工

构造柱一般设置在房屋外墙四角、内外墙交接处以及楼梯间四角等部位，为现浇钢筋混凝土结构形式。

1）构造柱的下端应锚固于基础之内（与地梁连接）。构造柱的截面不小于 240mm×180mm，柱内配置直径 12mm 的 4 根纵向钢筋，箍筋间距不应大于 250mm。

2）构造柱与墙体的连接处应砌成马牙槎，从每层柱脚开始，先退后进，每一马牙槎沿高度方向的尺寸不宜超过 300mm。沿墙高每隔 500mm 设置 2 根直径 6mm 的水平拉结钢筋，拉结钢筋每边伸入墙内不宜小于 1m，如图 4-31 所示。当墙上门窗洞口边到构造柱边（即墙马牙槎外齿边）的长度小于 1m 时，拉结钢筋则伸至洞口边止。

3）施工时，应按先绑扎柱中钢筋、砌砖墙，再支模，后浇捣混凝土。

4）砌筑砖墙时，马牙槎应先退后进，即每一层楼的砌墙开始砌第一个马牙槎应两边各收进 60mm，第二个马牙槎到构造柱

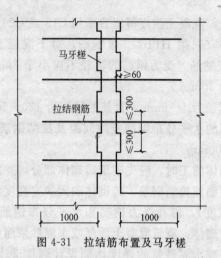

图 4-31 拉结筋布置及马牙槎

边，第三个马牙槎再两边各收进 60mm，如此反复一直到顶。各层柱的底部（圈梁面上），以及该层二次浇灌段的下端位置留出 2 皮砖洞眼，供清除模板内杂物用，清除完毕应立即封闭洞眼。

5) 每层砖墙砌好后，立即支模。模板必须与所在墙的两侧严密贴紧，支撑牢固，防止板缝漏浆。

6) 浇灌混凝土前，必须将砌体和模板浇水湿润，并清除模板内的落地灰、砖碴等杂物。混凝土浇灌可以分段进行，每段高度不宜大于 2m。在施工条件较好并能确保浇灌密实时，亦可每层浇灌一次。浇灌混凝土前，在结合面处先注入适量水泥砂浆。再浇灌混凝土。

7) 浇捣构造柱混凝土时，宜用插入式振动器，分层捣实，每次振捣层的厚度不应超过振捣棒长度的 1.25 倍。振捣时应避免振捣棒直接碰触砖墙，严禁通过砖墙传振。

8) 在砌完一层墙后和浇灌该层构造柱混凝土之前，是否对已砌好的独立墙片采取临时支撑等措施，应根据风力、墙高确定。必须在该层构造柱混凝土浇完后，才能进行上一层的施工。

4. 复合夹心墙砌筑

复合夹心墙是由两侧砖墙和中间高效保温材料组成，两侧砖墙之间设置拉结钢筋，如图 4-32 所示。

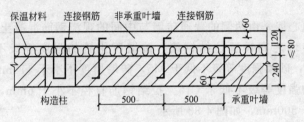

图 4-32 复合夹心墙水平剖面

砖墙有承重墙和非承重墙，均用烧结普通砖与水泥混合砂浆（或水泥砂浆）砌筑，砖的强度等级不低于 MU10，砂浆强度等级不低于 M5。

承重砖墙的厚度不应小于 240mm，非承重砖墙的厚度不应小于 115mm，两砖墙之间空腔宽度不应大于 80mm。

拉结钢筋直径为 6mm，采用梅花形布置，沿墙高间距不大于 500mm，水平间距不大于 1m。拉结钢筋端头弯成直角，端头距墙面为 60mm。

复合夹心墙的转角处、内外墙交接处以及楼梯间四角等部位必须设置钢筋混凝土构造柱。非承重墙与构造柱之间应沿墙高设置 2 根 6mm 水平拉结钢筋，间距不大于 500mm。

复合夹心墙宜从室内地面标高以下 240mm 开始砌筑。可先砌承重砖墙，并按设计要求在水平灰缝中设置拉结钢筋，一层承重砖墙砌完后，清除墙面多余砂浆，在承重砖墙里侧铺贴高效保温材料，贴完整个墙面后，再砌非承重砖墙。当高效保温材料为松散体时，承重砖墙与非承重砖墙应同时砌筑，每砌高 500mm 在砖墙之间空腔中填充高效保温材料，并在水平灰缝中放置拉结钢筋，如此反复进行，直到墙顶。

复合夹心墙的门窗洞口周边可采用丁砖或钢筋连接空腔两侧

的砖墙。沿门窗洞口边的连接钢筋采用直径 6mm 的 HPB235 级钢筋，间距为 300mm。连接丁砖的强度等级不低于 MU10，沿门窗洞口通长砌筑，并用高强度等级的砂浆灌缝。

5. 填心墙砌筑

填心墙是由两侧的普通砖墙与中间的现浇钢筋混凝土组成，两侧砖墙之间设置拉结钢筋。砖墙所用砖的强度等级不低于 MU10，砂浆强度等级不低于 M5，砖墙厚度不小于 115mm。混凝土的强度等级不低于 C15。拉结钢筋直径不小于 6mm，间距不大于 500mm，如图 4-33 所示。

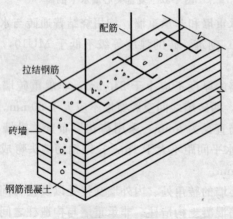

图 4-33　填心墙

填心墙可采用低位浇灌混凝土和高位浇灌混凝土两种施工方法。

低位浇灌混凝土：两侧砖墙每次砌筑高度不超过 600mm，砌筑中按设计要求在墙内设置拉结钢筋，拉结钢筋与钢筋混凝土中的配筋连接固定。当砌筑砂浆的强度达到使砖墙能承受住浇灌混凝土的侧压力时，将落入两砖墙之间的杂物清除干净，并浇水湿润砖墙然后浇灌混凝土。这一过程反复进行，直至墙体全部完成。

高位浇灌混凝土：两侧砖墙砌至全高，但不得超过 3m。两侧砖墙的砌筑高度差不应大于墙内拉结钢筋的竖向间距。砌筑砖墙时按设计要求在墙内设置拉结钢筋，拉结钢筋与钢筋混凝土中的配筋连接固定。为了便于清理两侧砖墙之间空腔中的落地灰、砖碴等杂物，砌墙时在一侧砖墙的底部预留清理洞口，清理干净空腔内的杂物后，用同品种、同强度等级的砖和砂浆堵塞洞口。当砂浆强度达到使砖墙能承受住浇灌混凝土的侧压力时（养护时间不少于 3 天），浇水湿润砖墙，再浇灌混凝土。

（十二）砖烟囱砌筑

1. 砖烟囱的构造

砖烟囱的构造分为基础、筒身、内衬、隔热层及附属设施（如铁爬梯、箍筋圈、避雷针等），如图 4-34 所示。

（1）砖烟囱基础

烟囱基础的构造在平面上一般为圆形。它是由垫层、底板、杯口、烟道口、人孔、内衬、排水坡组成。

烟囱基础通常采用在现浇混凝土底板上砌筑大放脚基础，再收退到筒身底部的壁厚为止。

（2）砖烟囱筒身

烟囱筒身外形分为方、圆两种。砖烟囱筒身按高度分成若干段，每段的高度为 10m 左右，最多不超过 15m；筒壁坡度宜采用 2%～3%；筒壁厚度由下至上减薄。当筒身顶口内径小于或等于 3m 时，筒壁最小厚度为 240mm；当筒身顶口内径大于 3m 时，筒壁最小厚度为 370mm，每一段的厚度相同。

砖烟囱顶部应向外侧加厚，加厚厚度以 180mm 为宜，并以阶梯形向外挑出，每阶挑出不宜超过 60mm 加厚部分的上部应做 1∶3 水泥砂浆排水坡。内衬到顶的烟囱，其顶部应设钢筋混凝土压顶板。

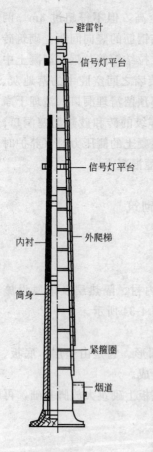

图 4-34　砖烟囱筒身构造

砖烟囱的筒身应采用优等烧结普通粘土砖与水泥混合砂浆（或水泥砂浆）砌筑，砖的强度等级不低于MU10，砂浆强度等级不低于M5。筒身顶部和底部各5m左右高度内，砂浆强度等级应提高一级。

（3）内衬

砖烟囱筒身内衬悬臂，应以台阶形式向内挑出，其宽度为内衬和隔热层的总厚度。每一台阶的高度一般为：第一阶大于或等于120mm，第二阶大于或等于180mm，第三阶大于或等于240mm，第四阶大于或等于360mm。每一台阶的挑出宽度应不大于60mm。

砖烟囱局部设置内衬时，其最低设置高度应超过烟道孔顶，超出高度不应小于1/2孔高。一般内衬的厚度应通过计算确定。烟道进口处一节的筒壁或基础内衬厚度，不应小于200mm或一砖，其他各节不应小于100mm或半砖。两节内衬的搭接长度不应小于360mm或6皮砖。

筒身内衬应根据筒身内温度，分别采用耐火砖（高于500℃）和MU10粘土砖（低于500℃）砌筑。内衬砌筑时，常用下列砂浆或泥浆普通粘土砖内衬当废气温度在400℃以下时，可用M2.5水泥混合砂浆砌筑；当废气温度在400℃以上时，可用黏土砂浆砌筑。

（4）隔热层

隔热层设置在内衬和筒壁之间。

隔热层分为空气隔热层和填料隔热层两种。

1) 空气隔热层。厚度一般为 50mm，同时在内衬外表面按纵向间距 1m，环向间距 0.5m 的要求挑出一块顶砖，顶砖与筒壁间应留出 10mm 宽的缝隙。

2) 填料隔热层。用高炉矿渣、硅石、矿渣棉等松散的材料来作为隔热层时，填料层的厚度一般为 80～200mm。还应在内衬表面按纵向间距 1.5～2.5m 设置一圈防沉带。防沉带与筒壁间应留 10mm 宽的温度缝。

采用空气隔热层在内衬外表面挑出的顶砖和采用填料隔热后在内衬外表面设置的防沉带，应在砌筑内衬时按设计要求完成。

(5) 附属设施

1) 环形钢筋箍。砖烟囱的筒身应配置直径为 6mm 或直径为 8mm 的环形钢筋箍，间距不应大于 8 皮砖。同一平面内环宽箍筋不宜多于 2 根，2 根钢筋的间距为 30mm，钢筋搭接长度为 40d，接头位置互相错开，钢筋的保护层为 30mm。

2) 烟囱的外爬梯。为观察及维修烟囱之用，同时也是为检查及修理信号灯、避雷针等设施时使用。砖烟囱的外爬梯，用直径 19mm～25mm 的圆钢揻成，末端向上，弯曲约 40mm；每隔 5 皮砖左右交错一个，埋入砌体内的深度不得小于 240mm，露在筒身外面长度为 200mm。

高度在 50m 以下的砖烟囱，从离地面 15m 起，每隔 10m 装一个休息爬梯。高度大于 50m 的烟囱，爬梯应设置围栏及可折叠的休息板。

砖烟囱的爬梯、围栏及其他埋设金属件，应在筒壁砌筑过程中安装，并在安装前将外露部分涂刷防锈剂，安装后在连接处在补刷一遍。烟囱附件的螺栓均应拧紧，不得遗漏。爬梯及其围栏应上下对正。

3) 避雷设施。烟囱是矗立在高空中的构筑物，为防止雷击，须装置避雷设施。

避雷设施包括避雷针、导线及接地极等。避雷针用直径

38mm、长 3.5m 的镀铸钢管制成，顶部尖端应超过烟囱筒身顶 1.8m 避雷针的数量取决于烟囱的高度与筒口的直径。避雷针用直径 10mm～12mm 的镀锌钢绞线连成一体，下端连接点与导线用铜焊焊接严密。导线沿外爬梯至地下与接地极扁钢带焊接。

接地是由镀锌扁钢带与数根接地极焊接而成。接地极用直径 50mm 的镀锌钢管或角钢制作，沿烟囱基础四周成环形布置，并用镀锌扁钢带焊接在一起，最好在基础回填土时埋设。接地极的数量根据土的种类而定。

2. 圆烟囱砌筑

（1）定位放线

底板施工完毕后，对烟囱前后左右的标志板用经纬仪校准检查，确定烟囱中心点后，用线坠把中心点引到基础面上，并在中心点处安设中心桩，然后在桩的中心点处钉上小钉，拴细铁丝，根据中心点弹出圆周线。

（2）基础砌筑

1）基础排砖摆底前，应根据大放脚底标高位置检查基底标高是否准确。如需做找平，则要找平到皮数杆第一皮整砖以下。找平厚度大于 20mm 时，应用 C20 细石混凝土找补平找平厚度小于 20mm 时，可用 1:2 水泥砂浆抹平。基础找平后，应浇水湿润，才可进行下道工序施工。

2）砌筑时应先在圆周上摆砖，采用全丁法砌筑排列，摆砖合适后方可正式砌砖。排砖时，内圈竖向灰缝宽度不小于 5mm，外圈竖向灰缝宽度不大于 12mm。

3）基础的大放脚沿圆周收退，收到筒壁厚时，应根据中心桩进行检查。基础筒壁没有收分坡度，可用普通靠尺板检查垂直度，用皮数杆控制标高。

4）基础砌完后，要及时进行垂直度、水平标高、中心偏差、圆周尺寸（圆度）、上口水平度等的全面检查验收。

5）合格后抹好防潮层，进行基坑的回填，回填土应分层夯实，每层厚度不得大于200mm。回填土应稍高出地面，以利排水。回填土穷实后，再做排水护坡。

6）基础位置和尺寸的允许偏差，不应超过表4-6的规定。

基础位置和尺寸的允许偏差 表4-6

项次	名　　称	允许偏差(mm)
1	基础中心点对设计坐标的位移	15
2	基础上表面的标高	20
3	基础杯口的壁厚	20
4	基础杯口的内半径	内半径的1%,且不超过40
5	基础杯口内表面的局部凹凸不平(沿半径方向)	内半径的1%,且不超过40
6	基础底板的外半径	外径的1%,且不超过5
7	基础底板的厚度	20

7）高度大于50m的烟囱，应在散水标高以上500mm处的筒身上，埋设3～4个水准观测点，进行沉降观测；建筑在湿陷性大孔土上的烟囱，不论其高度，均应埋设水准观测点，进行沉降观测。

（3）筒壁砌筑

1）筒壁应采用丁砖砌筑，上下皮竖向灰缝相互错开1/4砖长。当筒壁外径大于5m时，也可采用顺砖和丁砖交替砌筑（梅花丁砌法）。

2）当筒壁厚度不大于一砖半时，内外层可采用半截砖，但小于半砖的碎砖不得使用。

3）筒壁的竖向灰缝宽度和水平灰缝厚度应为10mm；上下皮砖的环缝应相互错开1/2砖长，辐射缝应相互错开1/4砖长。灰缝中砂浆必须饱满，水平灰缝的砂浆饱满度不得低于80%，竖向灰缝宜采用挤浆或加浆方法使其砂浆饱满，严禁用水冲浆灌缝。

4）砌砖应稍向内倾斜，其倾斜度应与筒壁外表面的坡度相等，每一皮砖应控制在同一水平面上。

107

5）对筒壁的中心线垂直度和半径，应每砌 0.5m 高度检查一次。检查方法：在筒壁顶上放一个木制轮杆尺，轮杆尺中心挂一个 8～12kg 重的线锤，使线锤尖正对中心桩上的中心点，转动轮杆尺，就可依据轮杆尺上画出的每一砌筑高度筒壁外半径的标记，看出筒壁外圆弧每一处的尺寸是否正确。

6）筒壁外表面的倾斜度，除用轮杆尺检查外，还可以用斜坡靠尺检查。斜坡靠尺的一边做成斜的，其坡度与筒壁外表面的倾斜度相等。检查时将斜坡靠尺的斜边紧靠筒壁，靠尺保持垂直，看线锤是否与靠尺上墨线重合，如果不合，表示筒壁倾斜度不对。

7）对检查出的偏差，应在砌筑过程中逐渐纠正。

8）外壁砌筑时灰缝要随砌随刮缝、勾缝，缝要勾成风雨缝。

9）烟囱每天砌筑高度宜控制在 1.8～2.4m。

（4）内衬砌筑

内衬一般与筒壁同时砌筑。衬壁厚为半砖时，用顺砖砌筑，错缝搭接为半砖；衬壁厚为一砖时，丁砖顺砖交替砌筑，错缝搭接为 1/4 砖长。

内衬用普通粘土砖砌筑，灰缝厚度不得大于 8mm；内衬用耐火砖砌筑，灰缝厚度不得大于 4mm。

砌筑时，筒身与内衬的空气隔热层内，不允许落入砂浆或砖屑；填充材料隔热层每 4～5 皮砖填充 1 次，并轻轻捣实。构造节点处要挑出内檐盖住隔热层的上口，以免灰尘落入。为防止由于隔热材料的自重过大而产生体积压缩，应沿内衬高度每 2～2.5m 砌一圈减荷带。

为保证内衬的稳定，水平方向沿筒身周长每隔 1m、垂直方向每隔 0.5m，须上下交错地挑出一块砖与烟囱壁顶住。

内衬每砌高 1m，应在内侧表面刷上一遍耐火泥浆，以防漏烟。

（5）烟道砌筑

烟道外壁和内衬要同时砌筑。

当烟道两侧外墙及内衬砌到拱脚高度时，应根据拱脚标高，安放预先做好的砌拱胎模，并支撑牢固。砌筑拱顶处，先做内衬耐火砖的拱碹，砖与砖在长度方向要咬槎 1/2 砖，灰缝不超过 4mm。内衬砌好后，铺设草帘等材料作为上层拱馨的底模，然后砌筑上层拱顶。砌好后再在灰缝中灌水泥砂浆，待强度达到要求，方可拆除胎模。

胎模拆除后，铺砌烟道底面耐火砖。

烟道与烟囱及炉窑接口处，要留出 20mm 的沉降缝。

烟道入口拱碹的拱顶与拱底在囱身突出的尺寸不同。在囱身砌筑时，应在烟道口的两侧砌出同一标高的砖垛；特别要注意的是，拱座是垂直砌筑，而囱身是向内收坡，防止砌成错位墙。后面的出灰口较小，但砌筑时亦应相同要求。

囱身外壁上的通风散热孔，应按图纸要求留出 600mm×60mm 的孔洞。

（6）囱身顶部收口囱壁顶部应向外壁外侧挑砖形成出檐，一般挑出三皮砖约 180mm，挑出部分砂浆要饱满，顶面应用 1∶3 水泥砂浆抹成排水坡。

（7）囱身附件预埋

砌入囱身的铁附件，均须事先涂刷防锈漆，并在砌筑囱身时按设计位置预埋牢固，不得遗漏。上人爬梯的铁蹬应埋入壁内最少 240mm，并应用砂浆窝砌结实。环向铁箍应按设计要求安装，螺丝拧紧后，将外露丝口凿毛，防止螺母松脱，每个铁箍的接头应上下错开。铁休息平台应在囱壁砌筑时按图留出铁脚埋入洞孔，安装时用 C20 以上混凝土浇筑牢固。地震设防要求在烟囱内加设的纵向及环向抗震钢筋，砌筑时必须按设计要求认真埋放。所有外露铁件均要在防锈漆外再刷二遍调和漆。

（8）烟囱烘干

常温季节施工的烟囱，可于临近生产前烘干；用冻结法砌筑的砖烟囱，在砌砖结束后，必须立即加热和烘干；通风烟囱可不烘干。

烘干烟囱前，应根据烟囱的结构和施工季节等制订烘干温度曲线和操作规程。其主要内容应包括：烘干期限、升温速度、恒温时间、最高温度、烘干措施和操作要点等。

烘干后不立即投入生产的烟囱，在烘干温度曲线中应注明降温速度。当降到100℃时，将烟道口堵死，让其自然冷却。

砖烟囱的烘干时间可采用表4-7的规定。

砖烟囱的烘干时间（昼夜） 表4-7

项次	烟囱高度（m）	常温施工		冬期施工	
		无内衬的	有内衬的	无内衬的	有内衬的
1	40以下	3	4	5	7
2	41～60	4	5	6	8
3	61～80	5	6	8	10
4	81～100	7	8	10	13

注：1. 采用冻结法砌筑的砖烟囱，而且烘干后又不立即投入生产的，其烘干时间应增加2～3昼夜。在此时间内，应保持在烘干温度曲线内所规定的最高温度。

2. 冬期已经烘干过的，但到生产前相隔了两个月以上的烟囱，应在第二次烘干后再投入生产，其烘干时间可减少一半。

烘干烟囱时，应逐渐地升高温度，其最高温度可采用表4-8。

砖烟囱烘干最高温度 表4-8

烟囱分类	无内衬的	有内衬的
烘干最高温度（℃）	250	300

注：如烟囱设计温度低于烘干最高温度时，则烘干最高温度不应超过设计温度。

从工业炉（尤其是焦炉和平炉）往烟囱内排放烟气时，在最初阶段应系统地检查烟气的成分，调整燃烧过程，不得有燃烧不完全的气体通过缝隙和闸板流入烟囱，以免气体在烟囱内燃烧和爆炸。

烟囱烘干后如有裂缝，应进行修理。已经烘干的砖烟囱，在冷却后应再次拧紧筒壁上环箍的螺栓。

3. 方烟囱砌筑

方烟囱的砌筑方法与圆烟囱基本相同，差异有以下几点：

（1）方烟囱可不用顶砌法，而用丁顺砌法。

（2）砌方烟囱时要每皮砖都砌平，因此，方烟囱的收分采用踏步式。砌筑前应按坡度事先算好每皮收分的数值。例如坡度为2.596，则每米高度应收分25mm，若每米高以16皮砖计，则每皮砖需收分25/16＝1.56mm。

为达到错缝要求，可砍出3/4砖。由于每皮踏步收分，砍砖不能因收分把转角处的砖砍掉，转角处应保留3/4砖，而将需砍部分在墙身内调整。

（3）方烟囱的坡度检查，除四角外，应在每边的中点处进行。

（4）检查不同标高的截面尺寸时，方烟囱主要检查四角顶至中心的距离，即方烟囱的外接圆半径。因此，所用引尺的划数应将不同标高的方形边乘以0.701的系数。

（5）方烟囱一般不留通气孔，必须设置时，应避开四个顶角。

（6）避雷针、铁爬梯等附设铁件，应设置在常年背风的一面。

（十三）砌砖操作工艺

当前建筑工地上常用的砌砖工艺有以下几种。

1. "三一"砌砖法

"三一"砌砖法又称铲灰挤砌法，其基本操作是"一铲灰、一块砖、一揉压"。

（1）步法

操作时，人应顺墙体斜站，左脚在前离墙约150mm左右，右脚在后距墙及左脚跟 300～400mm。砌筑方向是由前往后退着走，这样操作可以随时检查已砌好的砖墙是否平直。砌完 3～4 块砖后，左脚后退一大步（约 700～800mm），右脚后退半步，人斜对墙面可砌筑约 500mm，砌完后左脚后退半步，右脚后退一步，恢复到开始砌砖时位置，如图 4-35 所示。

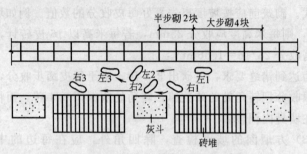

图 4-35 "三一砌砖法"的步法

（2）铲灰取砖

铲灰时应先用铲底摊平砂浆表面（便于掌握吃灰量），然后用手腕横向转动来铲灰，减少手臂动作，取灰量要根据灰缝厚度，以满足一块砖的需要量为准。取砖时应随拿砖随挑选好下块砖。左手拿砖，右手铲砂浆，同时拿起来，以减少弯腰次数，争取砌筑时间。

（3）铺灰

铺灰可用方形大铲或桃形大铲。方形大铲的形状、尺寸与砖面的铺灰面积相似。铺灰动作可分为甩、溜、丢、扣等。砌顺砖时，当墙砌得不高且距操作处较远，一般采用溜灰方法铺灰；当墙砌得较高且近身砌砖，常用扣灰方法铺灰；此外，还可采用甩灰方法铺灰，如图 4-36 所示。

砌丁砖时，当墙砌得较高且近身砌砖，常用丢灰方法铺灰；其他情况下，还经常采用扣灰方法铺灰，如图 4-37 所示。

不论采用哪种铺灰动作，都要求铺出的灰条要近似砖的外形，长度比一块砖稍长 10～20mm，宽约 80～90mm，灰条距墙外面约 20mm，并与前一块砖的灰条相接。

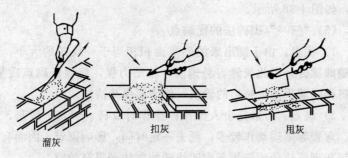

溜灰　　　　　扣灰　　　　　甩灰

图 4-36　砌顺砖时铺灰

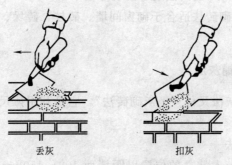

丢灰　　　　　扣灰

图 4-37　砌丁砖时铺灰

（4）揉挤

左手拿砖在距已砌好的砖前约 30～40mm 处将砖平放推挤，并用手轻揉。揉砖时，眼要上边看线，下边看墙皮，左手中指随即同时伸下，摸一下上、下砖棱是否齐平。砌好一块砖后，随即用铲将挤出的砂浆刮回，放在竖缝中或投入灰斗内。揉砖的目的是使砂浆饱满。铺在砖面上的砂浆如果较薄，揉的劲要小些；砂浆较厚时，揉的劲要大一些，并且根据已铺砂浆的位置要前后揉或左右揉。总之，以揉到下齐砖棱上齐线为适宜，要做到平齐、轻放、轻

图 4-38　揉砖

揉，如图 4-38 所示。

（5）"三一"砌砖法的优缺点

1）优点：由于铺出来的砂浆面积相当于一块砖的大小，并且随即揉砖，因此灰缝容易饱满，粘结力强，能保证砌筑质量；在挤砌时随手刮去挤出的砂浆，使墙面保持清洁。

2）缺点：一般是个人操作；操作时取砖、铲灰、铺灰、转身、弯腰等烦琐动作较多，耗去一定时间，影响砌筑，因而有用两铲灰砌三块砖或三铲灰砌四块砖的办法来提高效率。

（6）"三一"砌砖法适合砌筑部位

"三一"砌砖法适合于砌窗间墙、砖柱、砖垛、烟囱等较短的部位。

2. 摊尺铺灰法

摊尺铺灰法又称"坐灰砌砖法"，它是利用摊尺来控制摊铺砂浆的厚度。

（1）步法

操作时，人站立的位置以距墙面 100～150mm 为宜，左脚在前，右脚在后，人斜对墙面，随着砌筑前进方向退着走，每退一步可砌 3～4 块顺砖长。

（2）铺灰

砌筑时，先转身用双手拿灰勺取砂浆，把砂浆均匀地倒在墙上，每次砂浆摊铺长度不得超过 750mm；当施工期间气温超过30℃时，铺灰长度不得超过 500mm。取好砂浆后的灰勺，放在下次需用砂浆的灰斗中。转过身来，左手拿摊尺，平搁在砖墙边棱上，右手拿瓦刀刮平砂浆，如图 4-39 所示。

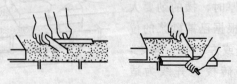

图 4-39　摊尺铺灰

（3）砌砖

砖砌时，左手拿砖，右手握瓦刀，披好竖缝，随即砌上，看齐、放平砌摆正。砌完一段后，将瓦刀放在最后一块已砌好的砖上，转身再取砂浆，如此逐段砌筑。

在砌砖时，不允许在摊平后的砂浆中刮取竖缝浆，以免影响1砖墙水平灰缝的饱满度。

（4）摊尺铺灰法的优缺点

1）优点：由于用摊尺控制水平灰缝，因此灰缝整齐，缩进一致；墙面整洁，砂浆损耗少。

2）缺点：用瓦刀摊铺砂浆时，由于摊尺仅厚 10mm，砂浆层较薄，砖只能摆上，不能挤浆，水平灰缝不易饱满，粘结力不强，影响砌筑质量；因此可把摊尺加厚至 13mm，将摆砖改为挤砌。另外，用瓦刀摊铺砂浆也较费时间，每一块砖都要另披竖缝，影响砌筑效率。

（5）摊尺铺灰法适合砌筑部位

摊尺铺灰法适合于砌门、窗洞口较多的砖墙或砖柱等。

3. 铺灰挤砌法

铺灰挤砌法是用铺灰工具铺好一段砂浆，然后进行挤浆砌砖的操作方法。

铺灰工具可采用灰勺、大铲或瓢式铺灰器等。挤浆砌砖常用单手挤浆。

（1）单手挤浆法

1）步法。操作时，人要沿着砌筑方向退着走，左手拿砖，右手拿瓦刀（或大铲）。操作前按双手挤浆的站立姿势站好，但要离墙面稍远一点。

2）铺灰、拿砖。动作要点与双手挤浆相同。

3）挤砌。动作要点与双手挤浆相同，如图 4-40 所示。

（2）铺灰挤砌法的优缺点

1）优点。每次摊铺砂浆较长，可以连续挤砌若干块砖，减

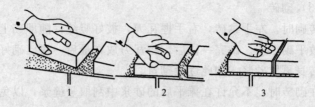

图 4-40　单手挤浆砌顺砖

少了每砌一块砖要转身铲砂浆的繁琐动作。采用 2 人或 3 人小组操作时，可以分工协作，提高砌筑效率。砖块平推平挤，可使灰缝饱满，保证砌筑质量。

2）缺点：如果砂浆保水性不好，或砖湿润不合要求，或挤砌动作稍慢，就会发生砂浆干硬，粘结不良等现象，因而必须快铺快砌。技术不熟练时，容易造成竖缝对不齐和砂浆挤出缝外污损墙面。使用灰勺舀砂浆和用瓦刀、大铲扒砂浆，容易造成砂浆层厚薄不匀和空隙，致使灰缝难于饱满。因此，挤浆时，要严格做到平推平挤，避免前低后高，以致把砂浆挤成沟槽，使灰缝不能饱满。

（3）铺灰挤砌法适合砌筑部位

铺灰挤砌法适合于砌筑混水和清水长墙。

4. 满刀灰刮浆法

满刀灰刮浆法是用瓦刀铲起砂浆刮在砖面上，再进行砌筑。刮浆一般分四步，如图 4-41 所示。

满刀灰刮浆法砌筑质量较好，但生产效率太低，仅用于砌砖拱、窗台、炉灶等特殊部位。

5. "二三八一" 砌筑法

"二三八一"砌筑法是瓦工在砌砖过程中一种比较科学的砌砖方法，它包括了瓦工在砌砖过程中人体的各个部位的运动规律。其中："二"指两种步法，即丁字步和并列步；"三"指三种弯腰身法，即侧身弯腰、丁字步弯腰和正弯腰；"八"指八种铺

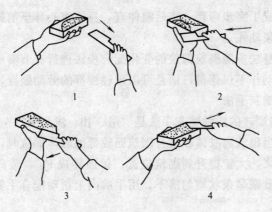

图 4-41 满刀灰刮浆法

浆手法，即砌顺砖时用甩、扣、泼和溜四种手法，砌丁砖时用扣、溜、泼和一带二四种手法；"一"指一种挤浆动作，即先挤浆揉砖，后刮余浆。

（1）步法

1）丁字步。砌筑时，操作者背向砌筑的前进方向，站成丁字步，边砌边后退靠近灰槽。这种方法也称"拉槽"砌法。

2）并列步。操作者砌到近身墙体时，将前腿后移半步成并列步面向墙体，又可以完成 500mm 墙体的砌筑。砌完后将后腿移至另一灰槽近处，进而又站成丁字步，恢复前一砌筑过程的步法。

丁字步和并列步循环往复，使砌砖动作有节奏地进行。

（2）身法

1）侧身弯腰。铲灰、拿砖时用侧身弯腰动作，身体重心在后腿，利用后腿微弯，肩斜、手臂下垂使铲灰的手很快伸入灰槽内铲取砂浆，同时另一手完成拿砖动作。

2）正弯腰。当砌筑部位离身体较近时，操作者前腿后撒半步由侧身弯腰转身成并列步正弯腰动作，完成铺灰和挤浆动作，身体重心还原。

3）丁字步弯腰。当砌筑部位离身体较远时，操作者由侧身弯腰转身成丁字步弯腰，将后腿伸直，身体重心移至前腿，完成铺灰和挤浆动作。

砌筑身法应随砌筑部位的变化配合步法进行有节奏地交替的变换，使动作不仅连贯，而且可以减轻腰部的劳动强度。

（3）铺灰手法

1）砌顺砖的四种铺灰手法是"甩、扣、泼和溜"。

甩：当砌筑离身体较远且砌筑面较低的墙体部位时，铲取均匀条状砂浆，大铲提升到砌筑位置，铲面转成 90°，顺砖面中心甩出，使砂浆呈条状均匀落下，用手腕向上扭动配合手臂的上挑力来完成。

扣：当砌筑离身体较近且砌筑面较高的墙体部位时，铲取均匀条状砂浆，反铲扣出灰条，铲面运动轨迹正好与"甩"相反，是手心向下折回动作，用手臂前推力扣落砂浆。

泼：当砌筑离身体较近及身体后部的墙体部位时，铲取扁平状均匀的灰条，提升到砌筑面时将铲面翻转，手柄在前平行推进泼出灰条。动作比"甩"和"扣"简单，熟练后可用手腕转动成"半泼半甩"动作，代替手臂平推。"半泼半甩"动作范围小，适用于快速砌砖。泼灰铺出灰条成扁平状，灰条厚度为 15mm，挤浆时放砖平稳，比"甩"灰条挤浆省力；也可采用"远甩近泼"，特别在砌到墙体的尽端，身体不能后退，可将手臂伸向后部用"泼"的手法完成铺灰。

溜：当砌角砖时，铲取扁平状均匀的灰条，将大铲送到墙角，抽铲落灰，使砌角砖减少落地灰。

2）砌丁砖的四种铺灰手法是"扣、溜、泼和一带二"

扣：当砌一砖半的里丁砖时，铲取灰条前部略低，扣出灰条外口略高，这样挤浆后灰口外侧容易挤严，扣灰后伴以刮虚尖动作，使外口竖缝挤满灰浆。

溜：当砌丁砖时，铲取扁平状灰条，灰铲前部略高，铺灰时手臂伸过准线，铲边比齐墙边，抽铲落灰，使外口竖缝挤满灰浆。

泼：当用里脚手砌外清水墙的丁砖时，铲取扁平状灰条，泼灰时落灰点向里移动20mm，挤浆后形成内凹10mm左右的缩口缝，可省去刮舌头灰和减少划缝工作量。

一带二：当砌丁砖时，由于碰头灰的面积比顺砖的大1倍，这样容易使外口竖缝不密实。以前操作者先在灰槽处抹上碰头灰，然后再铲取砂浆转身铺灰，每砌一块砖，就要做两次铲灰动作，而且增加了弯腰的时间。如果把抹碰头灰和铺灰两个动作合二为一，在铺灰时，将砖的丁头伸入落灰处，接打碰头灰，使铺灰和打碰头灰同时完成。用一个动作代替两个动作，故称为"一带二"。

以上八种铺灰手法，要求落灰点准，铺出灰条均匀一次成形，从而减少铺灰后再做摊平砂浆等多余动作。砌筑时，要依照砌筑部位的变化有规律地变化手法，做到动作简练、省力、快速，从而提高砌筑效率。由于采取各种手法交替活动，使手臂各部位肌肉在作业中得到休息，能起到消除疲劳的效果。

（4）挤浆

挤浆时，应将砖面满在灰条2/3处，挤浆平推，将高出灰缝厚度的砂浆推挤入竖缝内。挤浆时应有个"揉砖"的动作。这样，砌顺砖时，竖缝灰浆基本上可以挤满；砌丁砖时，能挤满2/3的高度，剩余部分由砌上皮砖时通过挤揉可使砂浆挤入竖缝内。挤揉动作，可使平缝、竖缝都能充满砂浆，不仅提高砖块之间的粘结力，而且极大地提高墙体的抗剪强度。

砌砖是一项具有技巧性的体力劳动，它涉及到操作者手、眼、身、腰、步五个方面的活动。"二三八一"砌筑法正是运用了劳动生理学的原理，采用复合肌肉活动，消除多余动作，重新组合的一套既符合人体生理活动规律，用力合理又简单易学的砌砖方法。

（十四）砖砌体工程质量要求

砖和砂浆的品种、强度等级必须符合设计要求。用于清水墙、柱表面的砖，应边角整齐，色泽均匀。

砌筑砂浆试块强度验收时其强度合格标准必须符合以下规定：同一验收批砂浆试块抗压强度平均值必须大于或等于设计强度等级所对应的立方体抗压强度；同一验收批砂浆试块抗压强度的最小一组平均值必须大于或等于设计强度等级所对应的立方体抗压强度的 0.75 倍。

砌体的灰缝应横平竖直，厚薄均匀；砂浆必须密实饱满，水平灰缝的砂浆饱满度不得小于 80%，竖向灰缝不得出现透明缝、瞎缝和假缝。

外墙转角处严禁留直槎，其他临时间断处留槎和接槎做法必须符合《砌体工程施工质量验收规范》（GB 50203—2002）中有关规定。

砌体组砌方法应正确，上下错缝，内外搭砌，砖柱不得采用包心砌法；窗间墙、清水墙无通缝；混水墙中长度大于或等于 300mm 的通缝每间不超过 3 处，且不得位于同一面墙体上。

设置在砌体灰缝内的钢筋数量、直径正确，竖向间距偏差不超过 100mm，留置长度符合规定。

清水墙面洁净，刮缝深度适宜。

砖砌体的位置、垂直度及尺寸的允许偏差应符合表 4-9 的规定。

砖砌体的允许偏差　　　　　　　　　表 4-9

项　　目			允许偏差（mm）			检验方法
			基础	墙	柱	
轴线位置偏移			10	10	10	用经纬仪或水平仪和尺检查
基础顶面和楼面标高			±15	±15	±15	
垂直度	每层		—	5	5	用经纬仪、吊线和尺检查
	全高	≤10m	—	10	10	
		>10m	—	20	20	
表面平整度	清水墙、柱		—	5	5	用2m靠尺和楔形塞尺检查
	混水墙、柱		—	8	8	

项　目		允许偏差(mm)			检验方法
		基础	墙	柱	
水平灰缝平直度	清水墙	—	7	—	拉 10m 线和尺检查
	混水墙	—	10	—	
清水墙游丁走缝		—		20	吊线和尺检查,以每层第一皮砖为准
外墙上下窗口偏移		—		20	用经纬仪或吊线检查,以底层窗口为准
门窗洞口高、宽(后塞口)		—	±5	—	用尺检查
柱层间错位		—	—	8	用经纬仪和尺检查

砖烟囱中心线垂直度的允许偏差不应超过表 4-10 的规定。

砖烟囱中心线垂直度的允许偏差　　　　　　　　表 4-10

筒壁标高(m)	允许偏差(mm)	筒壁标高(m)	允许偏差(mm)
≤20	35	80	75
40	50	100	85
60	65		

砖烟囱筒壁砌体尺寸的允许偏差不应超过表 4-11 的规定。

砖烟囱筒壁砌体尺寸允许偏差　　　　　　　　表 4-11

项　目	允许偏差
筒壁高度	筒壁全高的 0.1%
筒壁任何截面上的半径	该截面筒壁半径的 1%,且不超过 30mm
筒壁内外表面的局部凹凸不平(沿半径方向)	该截面筒壁半径的 1%,且不超过 30mm
烟道口的中心线	15mm
烟道口的标高	20mm
烟道口的高度和宽度	30mm,−20mm

五、砌 石 工 程

（一）毛石基础砌筑

1. 毛石基础形式

毛石基础按其剖面形式有矩形、阶梯形和梯形三种，如图 5-1 所示。

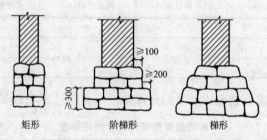

矩形　　　　　阶梯形　　　　　梯形

图 5-1　毛石基础剖面形式

一般情况，阶梯形剖面是每砌 300～500mm 高后收退一个台阶，收退几次后，达到基础顶面宽度为止；梯形剖面是上窄下宽，由下往上逐步收小尺寸；矩形剖面为满槽装毛石，上下一样宽。毛石基础的标高一般砌到室内地坪以下 50mm，基础顶面宽度不应小于 400mm。

2. 施工准备

（1）工具准备

砌筑毛石所用工具除需一般瓦工常用的工具外，还需准备大锤、手锤、小撬棍和勾缝抿子等。

（2）备料

根据设计要求选备石料和应该使用的砌筑砂浆。所用的毛石应质地坚实，无风化剥落和裂纹，毛石中部厚度不宜大于150mm，毛石强度等级不低于 MU20。砌筑砂浆宜用水泥砂浆或水泥混合砂浆，砂浆强度等级应不低于 M5。

（3）清槽

检查基槽尺寸、垫层的厚度和标高；清除基槽内的杂物；基槽内若存有积水应抽干，如无积水且较干燥时要洒水湿润；确定下料口，以便传送石料和砂浆。

（4）挂线

毛石基础砌筑前，要根据标志板上的基础轴线来确定基础边线的位置，具体做法是从标志板向下拉出两条垂直线，再从相对的两条垂直立线上拉出通槽水平线。若为阶梯式毛石基础，其挂线方法是：先按最下面一个台阶的宽度拉通槽水平线，然后按图纸要求的台阶高度，砌到设计标高后适当找平，再将垂直立线收到第二个台阶要求的砌筑宽度，依此收砌至基础顶部止。

3. 施工方法

（1）砌筑第一皮石块

第一皮石块砌筑时，应先挑选比较方整的较大的石块放在基础的四角（称其为角石），角石砌好后，房屋的位置也就固定下来了，所以角石也称"定位石"。角石要三面方正，大小相差不多，如不合适应加工修凿。以角石作为基准，将水平线拉到角石上，按线砌筑内、外皮石（又称面石），再填中间石块（又称腹石）。第一皮石块应坐浆，即先在基槽垫层上摊铺砂浆，再将石块大面向下砌上，并且要挤紧、稳实。砌完内、外皮面石，填充腹石后，即可灌浆。灌浆时，大的石缝中先填 1/2～1/3 的砂浆，再用碎石块嵌实，并用手锤轻轻敲实。不准先用小石块塞缝后灌浆，否则容易造成干缝和空洞，从而影响砌体质量。

（2）砌筑第二皮石块

第二皮石块砌筑前，选好石块进行错缝试摆，试摆应确保上下错缝，内外搭接；试摆合格即可摊铺砂浆砌筑石块。砂浆摊铺面积约为所砌石块面积的一半，位置应在要砌石块下的中间部位，砂浆厚度控制在 40～50mm，注意距外边 30～40mm 内不铺砂浆。砂浆铺好后将试摆的石块砌上，石块将砂浆挤压成 20～30mm 的灰缝厚度，达到石块底面全部铺满灰。石块间的立缝可采用石块侧面打碰头灰的办法，也可以直接灌浆塞缝。砌好的石块用手锤轻轻敲实，使之达到稳定状态。敲实过程中若发现有的石块不稳，可在石块的外侧加垫小石片使其稳固。切记石片不准垫在内侧，以免在荷载作用下，石块发生向外倾斜、滑移，影响砌体的质量。

毛石基础的扩大部分，如做成阶梯形，上级阶梯的石块应至少压砌下级阶梯的 1/2，相邻阶梯的毛石应相互错缝搭砌。

（3）砌筑拉结石

毛石基础同皮内每隔 2m 左右应砌一块横贯墙身的拉结石（又称顶石或满墙石），上下层拉结石要相互错开位置，在立面的拉结石应呈梅花状。拉结石长度：基础宽度等于或小于 400mm 时，拉结石长度与基础宽度相等；基础宽度大于 400mm 时，可用两块拉结石内外搭接，搭接长度不小于 150mm，且其中一块长度不小于基础宽度的 2/3。

（4）预留孔洞

毛石基础墙中如有孔洞时，应预先留出来，不准砌后再凿洞；沉降缝应分段砌筑，缝边的石块应选用比较平整的，且不准相互凸出将缝挤满。

（5）基础顶面

毛石基础顶面（最上一皮），应选用较大块的毛石砌筑，并使其顶面基本平整。

（6）勾缝

毛石基础砌完后，要用抿子将灰缝用砂浆勾塞密实，经验收合格后才准回填土。

（7）砌筑高度控制

毛石基础每日砌筑高度不应超过 1.2m。

（二）毛石墙砌筑

1. 施工准备

（1）工具准备

毛石墙砌筑所用工具除需一般瓦工常用的工具外，还要准备大锤、手锤、小撬棍和勾缝报子等。

（2）备料

毛石墙所用毛石应质地坚实，无风化剥落和裂纹；用于清水墙表面的毛石应色泽均匀。毛石应呈块状，中部厚度不宜大于150mm。砌筑砂浆宜用水泥砂浆或水泥混合砂浆，砂浆强度等级应不低于 M2.5。

砌筑前要选石、做石。选石是从石料中选取在应砌的位置上大小适宜的石块，并有一个面作为墙面。做石是将凸部或不需要的部分用手锤打掉，做出一个面，然后砌入墙中。

（3）挂线

毛石墙砌筑前，应清理基础顶面。在基础顶面上弹出墙体中心线及边线；在墙体两端立起皮数杆，在两皮数杆之间拉准线，依准线进行砌筑。

2. 施工方法

（1）毛石墙体砌筑

毛石墙体采用铺浆挤砌法，依挂线分皮卧砌。砌筑时，要掌握"搭、压、拉、槎、垫"的操作要点：

1）搭。砌清水石墙或混水石墙，都必须双面挂线。里外搭脚手架，两面有人同时操作。砌筑时，一般多采用"穿袖砌筑法",即外皮砌一块长块石,里皮应砌一块短块石;下层砌的是短块石,上层应砌长块石,以便确保毛石墙的里外皮和上下层石块都互相错缝搭接,成为一个整体。

2)压。砌好的毛石墙要能够承受上层墙的压力,即:不仅要保证每块毛石安放稳定,而且在上层压力作用下还要增强下层毛石的稳定。因此,砌筑时必须做到"下口清,上口平"。下口清是指上墙的石块需加工出整齐的边棱,砌完后保证外口灰缝均匀,内口灰缝严密。上口平是指所留搓口里外要平,以便砌筑上层毛石。

3)拉。砌筑拉结石,通过砌筑拉结石将里外皮的毛石拉结成整体,具体砌筑与毛石基础砌筑拉结石相同。

4)搓。砌筑时留搓,即要给上层毛石砌筑留出适宜的搓口。搓口应保证对接平整,上下层毛石严密咬搓,既达到墙面组砌缝隙美观,又提高砌体的强度。留搓时不准出现重缝、三角缝和硬蹬搓。

5)垫。砌筑时,加小石片垫是确保毛石墙稳定的重要措施之一。垫石片时,一定要垫在毛石的外口处,并且要使石片上下粘满灰浆,不准干垫。

毛石墙体砌筑的具体操作方法:先试摆毛石,石块要大小搭配,大面平放,外露面平齐,斜口朝内,逐块坐浆卧砌,内外搭接。不准外面侧砌立石,中间填石砌筑。一般角 $0.7m^2$ 墙面至少设一块拉结石,且同皮内的中距不大于 $2m$;拉结石应均匀分布,相互错开。毛石墙砌体灰缝砂浆必须饱满,灰缝宽度控制在 $20\sim30mm$,大的石缝应先填砂浆后塞石片或碎石块嵌实。砌筑高度每达到 $1.2m$ 时,要进行找平。

(2)转角处与交接处砌筑

毛石墙转角处和交接处应同时砌筑,毛石墙与砖墙相接处和交接处也要同时砌筑。在转角处,应自纵墙或横墙每隔 $4\sim6$ 皮砖的高度引出不小于 $120mm$ 与横墙或纵墙相接,如图 5-2 所示。在交接处,应自纵墙每隔 $4\sim6$ 皮砖高度引出不小于 $120mm$ 与横

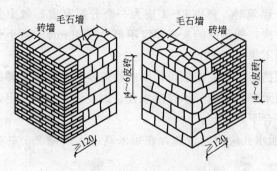

图 5-2　毛石墙和砖墙转角处砌筑

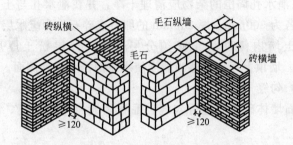

图 5-3　毛石纵墙和砖墙交接处砌筑

墙相接如图 5-3 所示。

（3）组合墙砌筑

砌筑毛石和粘土实心砖组合墙时，毛石与砖应同时砌筑，并且每隔 4～6 皮砖用 2～3 皮丁砖与毛石墙拉结砌合，两种墙体间的空隙应用水泥砂浆填满密实，如图 5-4 所示。

（4）毛石挡土墙砌筑

砌筑毛石挡土墙所用毛石的中部厚度不宜小于

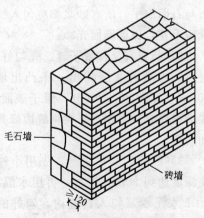

图 5-4　毛石和实心砖组合墙

127

200mm。砌筑时，每砌 3～4 皮为一个分层高度，每个分层高度应找平一次，外露面的灰缝厚度不得大于 40mm，两个分层高度间的错缝不得小于 80mm。

砌筑挡土墙，应按照设计要求收坡或收台，设置伸缩缝和泄水孔，但干砌挡土墙可不设泄水孔。如设计无明确规定，泄水孔施工应符合下列规定：

1）泄水孔应均匀设置，在每米高度上间隔 2m 左右设置一个泄水孔。

2）泄水孔宜采用抽管方法留置。

3）泄水孔周围的杂物应清理干净，并在泄水孔与土体间铺设长宽各为 300mm、厚 200mm 的卵石或碎石作为疏水层。

挡土墙内侧回填土必须分层穷填，分层松土厚度应为 300mm。墙顶上面应有适当坡度使水流向挡土墙外侧面。

（5）勾缝

毛石墙体砌完应进行勾缝。毛石墙缝可勾成平缝、凸缝和凹缝。

1）平缝。勾缝前，先将墙面和石缝清除干净，去掉残留砂浆，有的缝隙还需剔深 10mm 左右，普遍浇水湿润冲去浮屑；然后用勾缝抹子将 1∶2 的水泥砂浆嵌入灰缝中，嵌塞密实，缝面与石面取平，所有砂浆都应勾入缝内；最后抹光缝面，并修理缝边毛茬，保证墙面光净。

2）凸缝，又称带子缝。先勾好平缝，待水泥砂浆完成初凝层后，再顺着灰缝抹出一条凸出墙面的带子，带子的厚度约 10mm，宽度 20～30mm，带子表面要轻压并抹光；待水泥砂浆接近终凝时，再用抿子尖将缝边修齐，进行洒水养护，防止干裂和脱落。

3）凹缝，又称阴缝。先用小铁钎将石缝剔凿干净、整齐，使深度达到 30mm 左右，再用水湿润冲去浮屑，然后用抿子将 1∶2 水泥砂浆勾入石缝内，勾好的缝应凹入墙面 10～20mm，并将缝道抹压光滑。

（6）砌筑高度控制

毛石墙砌筑时，每层高度应不超过 300～400mm。每天砌筑高度应不超过 1.2m。

（三）料石基础砌筑

1. 料石基础的组砌形式

料石基础立面的组砌形式宜采用一顺一丁，即一皮顺石与一皮丁石相间。

2. 备料

料石基础宜用粗料石或毛料石与水泥砂浆砌筑。料石的宽度、厚度均不宜小于 200mm，长度不宜大于厚度的 4 倍。料石强度等级应不低于 MU20，砂浆强度等级应不低于 M5。

3. 挂线

料石基础砌筑前，应清除基槽底杂物，在基槽底面上弹出基础中心线及两侧边线；在基础两端立起皮数杆，在两皮数杆之间拉准线。

4. 施工方法

料石基础，应先砌转角处或交接处，再依准线砌筑中间部分。

料石基础的第一皮石块应用丁砌层座浆砌筑，即先在基槽垫层上摊铺砂浆，再将石块砌上；以上各皮石块应铺灰挤砌，砂浆铺设厚度应高出规定灰缝厚的 6～8mm，上下错缝，搭砌紧密，上下皮石块竖缝相互错开应不少于石块宽度的 1/2。

阶梯型料石基础，上级阶梯的料石应至少压砌下级阶梯料石的 1/3。

料石基础的灰缝中砂浆应饱满，水平灰缝厚度和竖向灰缝宽度不宜大于 20mm。

（四）料石墙砌筑

1. 料石墙组砌形式

料石墙的立面组砌形式有全顺、丁顺叠砌和丁顺组砌。

全顺，又称顺叠砌、单轨组砌。砌筑时，每皮均为顺石，上下皮竖缝相互错开 1/3～1/2 的料石长度，如图 5-5（a）所示。

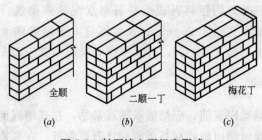

全顺   二顺一丁   梅花丁

（a）   （b）   （c）

图 5-5 　料石墙立面组砌形式

丁顺叠砌，又称井架式叠砌。砌筑时，上下两皮料石一皮丁砌一皮顺砌，先丁后顺，两皮互成。交角叠砌，上下皮竖缝错开长度不小于 1/4 的料石长度，如图 5-5（b）所示。

丁顺组砌，又称双轨组砌。砌筑时，同皮内每砌几块顺石砌一块丁石，上皮丁石要砌在下皮顺石的中部，上下皮竖缝错开长度不小于 1/4 的料石长度如图 5-5（c）所示。

2. 备料

料石墙宜用细料石、半细料石、粗料石或毛料石与水泥砂浆或水泥混合砂浆砌筑。料石的宽度、厚度均不宜小于 200mm，

长度不宜大于厚度的 4 倍。料石强度等级应不低于 M15，砂浆强度等级应不低于 M2.5

3. 施工方法

料石墙宜采用铺灰挤砌法进行砌筑。生料石墙砌筑前，在基础面上弹出墙身中心线及两侧边线；在墙身两端或转角处立皮数杆，两皮数杆之间拉准线，依准线进行砌筑。

料石墙宜从转角处或交接处开始砌筑，再依准线砌中间部分。临时间断处应砌成斜槎，斜槎长度应不小于斜槎高度。料石墙应上下错缝搭砌。当墙厚等于或大于两块料石宽度时，如同皮内全部采用顺砌，每砌两皮后，应砌一皮丁砌层；如同皮内采用丁顺组砌，丁砌石应交错设置，其中心间距不应大于 2m。

料石墙的灰缝厚度，应按料石的种类确定：细料石墙不宜大于 5mm，半细料石墙不宜大于 10mm，粗料石墙和毛料石墙不宜大于 20mm。

砌筑料石墙时，砂浆铺设厚度应略高于规定灰缝厚度，其高出厚度：细料石、半细料石宜为 3～5mm 粗料石、毛料石宜为 6～8mm。

砌筑料石墙时要正确使用垫片，确保料石放置平稳，具体方法是：第一步将要砌的料石放在砌筑位置上，根据料石的平整情况和对砂浆的要求，在料石的四角用 4 块石片垫平，这四块石片叫做主垫片。第二步将料石搬开，满铺砂浆，铺浆时要保持砂浆厚度高出垫片 3～5mm。第三步砌上刚搬开的料石，并用手锤轻轻敲击，使料石平稳、牢固，将料石挤出的砂浆清理干净。第四步沿料石的长度和宽度方向每隔 150mm 左右加垫一块支承料石的石片，这些石片叫做副垫片，副垫片要伸入料石边 10～15mm，以便墙面勾缝。

在料石和砖的组合墙中，料石墙和砖墙应同时砌筑，并每隔 2～3 皮料石层用丁砌层与砖墙拉结砌合，丁砌料石的长度应与组合墙厚度相同，如图 5-6 所示。

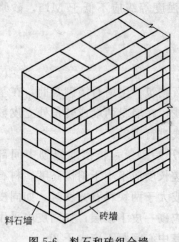

料石墙 砖墙

图 5-6　料石和砖组合墙

料石墙下列部位不得设置脚手眼：料石清水墙，石墙的门窗洞口两侧 300mm 和转角处 600mm 范围内。

砌筑料石挡土墙时，宜采用同皮内丁顺相间的砌筑形式。如果中间部位用毛石填砌时，丁砌料石伸入毛石部分的长度不应小于 200mm。

砌筑料石挡土墙，应按照设计要求收坡或收台，设置伸缩缝和泄水孔，但干砌料石挡土墙可不设泄水孔。如设计无明确要求，泄水孔施工同毛石挡土墙。

料石挡土墙内侧回填土必须分层夯填，分层松土厚度应为 300mm。墙顶土面应有适当坡度使水流向挡土墙外侧面。

料石墙每天砌筑高度宜不超过 1.2m。

（五）石过梁砌筑

石过梁有平砌式过梁、平拱和圆拱三种。

1. 平砌式过梁

平砌式过梁用料石制作，如设计无具体规定时，过梁厚度应为 200～450mm，宽度与墙厚相等，净跨度不宜大于 1.2m，其底面应加工平整。

当砌到洞口顶时，即将过梁砌上，过梁两端各伸入墙内长度不应小于 250mm。过梁上继续砌石墙时，正中石块长度不应小于过梁净跨度的 1/3，两侧石块长度不应小于过梁净跨度的 2/3，如图 5-7 所示。

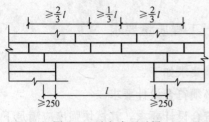

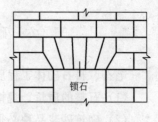

图 5-7 平砌式石过梁 图 5-8 石平拱

2. 石平拱

石平拱所用料石应按设计要求加工，如设计无规定时，则应自加工成楔形（上宽下窄），斜度应预先设计，拱两端部的石块自在拱脚处坡度以 600 为宜。平拱的石块数应为单数，厚度与墙厚相等，高度为两皮料石高。拱脚处斜面应修整加工，使与拱石相吻合。

砌筑时，应先在洞口顶支设模板，从两边拱脚处开始，对称地向中间砌，正中一块锁石要挤紧。所用砌筑砂浆强度等级不低于 M10，灰缝厚度宜为 5mm。如图 5-8 所示。

拆模时，砂浆强度必须大于设计强度的 70%。

3. 石圆拱

石圆拱所用料石应进行细加工，使其接触面吻合严密，形状及尺寸均应符合设计要求。

砌筑圆拱时，应先在洞口顶部支设模板，从两边拱脚处开始，对称地向中间砌筑，正中一块拱冠石要对中挤紧。

所用砌筑砂浆强度等级不低于 M10，灰缝厚度宜为 5mm 如图 5-9 所示。

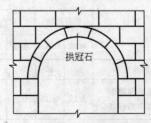

图 5-9 石圆拱

（六）砌石工程质量要求

毛石、料石砌体工程质量要求如下：

（1）石料的质量、规格必须符合设计要求。

（2）砌筑砂浆品种必须符合设计要求，其试块强度应满足下列规定：

1）同一验收批中砂浆立方体抗压强度各组平均值等于或大于验收批砂浆设计强度等级所对应的立方体抗压强度。

2）同一验收批中砂浆立方体抗压强度的最小一组平均值等于或大于 0.75 倍验收批砂浆设计强度等级所对应的立方体抗压强度。

（3）石砌体转角处必须同时砌筑，交接处不能同时砌筑时必须留斜槎。

（4）石砌体组砌应内外搭接、上下错缝，拉结石、丁砌石交错设置，分布均匀。毛石分皮卧砌，无填心砌法。

（5）料石放置平稳，灰缝一致，厚度符合施工规范要求。

（6）石墙面勾缝密实，粘结牢固，墙面洁净。

（7）石砌体尺寸、位置的允许偏差应符合表 5-1 的规定。

石砌体的尺寸和位置的允许偏差　　　　表 5-1

项目	允许偏差							检验方法
	毛石砌体		料石砌体					
	基础	墙	基础	墙	基础	墙	墙、柱	
轴线位移	20	15	20	15	15	10	10	用经纬仪、水平仪检查或检查施工测量记录
基础和墙砌体顶面标高	±25	±15	±25	±15	±15	±5	±10	
砌体厚度	±30	20 −10	30	20 −10	15	10 −5	10 −5	用尺检查

项目	允许偏差							检验方法
	毛石砌体		料石砌体					
	基础	墙	基础	墙	基础	墙	墙、柱	
墙面垂直度　每层	—	20	—	20	—	10	7	用经纬仪或吊线和尺检查
墙面垂直度　全高	—	30	—	—30	—	25	20	
表面平整度　清水墙柱	—	20	—	20	—	10	5	细料石：用 2m 直尺和楔形塞尺检查；其他：用两直尺垂直于灰缝拉 2m 线和尺检查
表面平整度　混水墙柱	—	20	—	20	—	15	—	
清水墙水平灰缝平直度	—	—	—	—	—	10	5	拉 10m 线和尺检查

（8）砌石砂浆的稠度应符合表 5-2 的规定。

砌石砂浆的稠度　　　　　　　　　表 5-2

砂浆品种	砂浆稠度（mm）				备　注
	料石砌体和坐浆砌法		毛石砌体和垫片砌法		
	干热天气	阴冷天气	干热天气	阴冷天气	
水泥砂浆	10～20	0～10	30～50	20～30	各地可根据实际情况选用
混合砂浆	10～20	0～10	30～50	20～30	
石灰砂浆	0～10	0	20～40	10～20	

六、砌小型砌块工程

（一）混凝土小型空心砌块砌体

1. 施工准备

（1）材料

本章适用的砌块材料包括：普通混凝土小型空心砌块、轻骨料混凝土小型空心砌块（以下简称小砌块）。

小砌块运到现场后，应分规格、分等级堆放；堆放场地必须平整，并作好排水。砌块的堆放高度不宜超过 2m。砌筑承重墙的小砌块应进行挑选，剔除断裂或壁肋中有竖向裂缝的小砌块。承重结构所用小砌块的强度等级应不低于 MU15。

普通混凝土小砌块宜为自然含水率，当天气干燥炎热时，可在砌筑前喷水湿润；轻骨料混凝土小砌块宜在砌筑前 1～2d 浇水湿润，含水率为 5%～8%。严禁雨天施工；小砌块表面有浮水时，也不得施工。

施工时所用的小砌块产品的龄期不应小于 28d。

准备好所需的拉结钢筋（或钢筋网片）以及附墙用预埋件。

根据小砌块搭接需要，准备一定数量的辅助规格的小砌块。

砌筑砂浆必须搅拌均匀，随拌随用，砂浆强度等级应不低于 M5，防潮层以上的小砌块砌体，应采用水泥混合砂浆或专用砂浆砌筑，并要采取改变砂浆和易性和粘结性的措施。

底层室内地面以下或防潮层以下的砌体，应采用强度等级不低于 C20 的混凝土灌实小砌块的孔洞。

（2）立皮数杆

根据小砌块尺寸和灰缝厚度确定皮数和排数，并制作皮数杆立于建筑物四角或楼梯间转角处；皮数杆间距不宜超过 15m。

2. 小砌块墙砌筑

（1）立面组砌形式

小砌块墙的厚度一般为 190mm（单排）；特殊情况下，墙厚为 390mm（双排）。

小砌块墙的立面组砌形式为全顺一种，上、下竖向灰缝相互错开 190mm；双排小砌块墙横向竖缝也应相互错开 190mm。

承重墙体不得采用混凝土小砌块与烧结普通砖等混砌，并严禁使用断裂小砌块。

（2）施工方法

小砌块宜采用铺灰反砌法进行砌筑。先用大铲或瓦刀在墙顶上摊铺砂浆，一次铺灰长度不宜超过两块主规格块体的长度；再在已砌好的砌块端面上刮砂浆，双手端起小砌块，使其底面向上，摆放在砂浆层上，与前一块挤紧，并使上下砌块的孔洞对准，挤出的砂浆随手刮去。需要移动砌体中的小砌块或小砌块被撞动时，应重新铺砌。

使用单排孔小砌块砌筑墙体时，应对孔错缝搭砌；使用多排孔小砌块砌筑墙体时，应错缝搭砌；搭砌长度均不应小于 90mm。

墙体的个别部位不能满足上述要求时，应在灰缝中设置拉结钢筋或钢筋网片，但竖向通缝仍不得超过两皮小砌

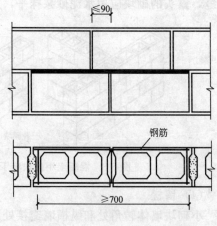

图 6-1　水平灰缝中钢筋网片设置

块，如图 6-1 所示。拉结钢筋或钢筋网片设置数量、埋置长度应符合设计要求。

小砌块墙的水平灰缝厚度和竖向灰缝宽度宜为 10mm，但不应小于 8mm，也不应大于 12mm。水平灰缝应平直，按净面积计算的砂浆饱满度不应低于 90%。竖向灰缝应采用加浆方法，使其砂浆饱满，严禁用水冲浆灌缝；不得出现瞎缝、透明缝；竖缝的砂浆饱满度不宜低于 80%。

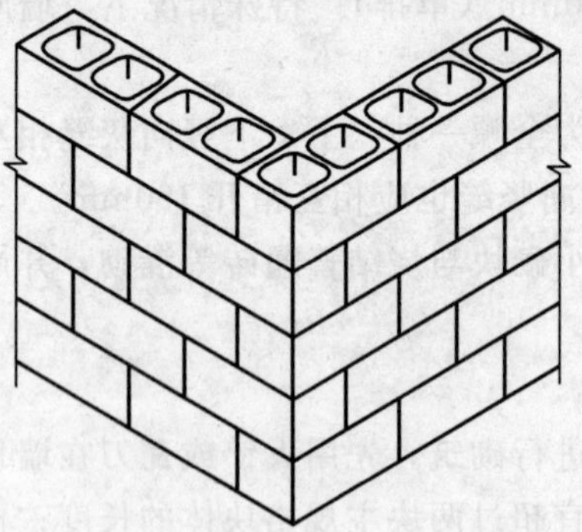

（3）转角处和交接处砌筑

小砌块墙的转角处，应使纵横墙的砌块隔皮相互搭砌，露头的砌块端面应用水泥砂浆抹平，如图 6-2 所示。

小砌块墙的丁字交接处，应使横墙的砌块隔皮露头，纵墙加砌辅助砌块（一孔半）。如没有辅助砌块，则会造成三皮砌块高的竖向通缝，为此，宜采用大砌块（三孔）错缝，露头的砌块应用水泥砂浆抹平，如图 6-3 所示。

图 6-2 混凝土小砌块墙转角处

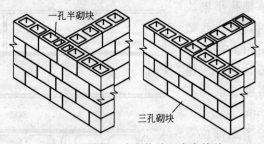

图 6-3 混凝土小砌块墙丁字交接处

（4）留槎

小砌块墙体转角处和纵横墙交接处应同时砌筑。临时间断处应砌成斜槎，斜槎水平投影长度不应小于高度的 2/3。非抗震设

138

防及抗震设防烈度为 6 度、7 度地区的临时间断处，当不能留斜槎时，除转角处外，可留凸槎。留凸槎处应每 120mm 墙厚放置 2 根直径 6mm 的拉结钢筋，间距沿墙高不应超过 500mm；埋入长度从留槎处算起每边均不应小于 500mm，对抗震设防烈度 6 度、7 度的地区不应小于 1000mm。

（5）小砌块填充墙

用轻骨料混凝土小型空心砌块砌筑填充墙时，墙底部应砌烧结普通砖或多孔砖或现浇混凝土坎台等，其高度不宜小于 200mm。

砌筑填充墙时，必须将预埋在柱中的拉结钢筋砌入墙内。拉结钢筋的规格、数量、间距、长度应符合设计要求。

填充墙与框架柱之间的缝隙应用砂浆填满。

轻骨料混凝土小砌块应错缝搭砌，搭接长度不应小于 90mm，如不能保证时，应在灰缝中设置拉结钢筋或网片，竖向通缝不应大于 2 皮。

小砌块墙砌至接近梁、板底时，应留一定空隙，在抹灰前采用侧砖、或立砖、或砌块斜砌挤紧，其倾斜度宜为 60°左右，砌筑砂浆应饱满。补砌时间间隔不应少于 7d。

（6）预留洞口及预埋件

对设计规定的洞口、管道、沟槽和预埋件等，应在砌筑时预留或预埋，严禁在砌好的墙体上打凿洞、槽。

小砌块墙体中不得留水平沟槽。

施工中需要在墙体中留临时洞口，其侧边离交接处的墙面不应小于 600mm，并在顶部设过梁；填砌施工洞口的砌筑砂浆强度等级应提高一级。

（7）脚手眼

小砌块墙体内不宜留脚手眼，如必须留设时，可采用 190mm×190mm×190mm 小砌块侧砌，利用其孔洞作脚手眼，墙体完工后用强度等级不低于 C20 混凝土填实。但墙体下列部位不得留设脚手眼：

1）过梁上与过梁成60°角的三角形范围及过梁净跨度1/2的高度范围内。

2）宽度小于1m的窗间墙。

3）梁或梁垫下及其左右各500mm范围内。

4）门窗洞口两侧200mm和墙体转角处450mm范围内。

5）设计不允许设置脚手眼的部位。

（8）砌筑高度控制

常温条件下，普通混凝土空心小砌块的每日砌筑高度应不超过1.5m或一步脚手架高度；轻骨料混凝土空心小砌块的每日砌筑高度应不超过1.8m。

3. 芯柱施工

（1）芯柱设置部位：混凝土空心小砌块墙的下列部位宜设置芯柱。

1）外墙转角、楼梯间四角的纵横墙交接处的三个孔洞，宜设置混凝土芯柱。

2）五层及五层以上的房屋，应在上述部位设置钢筋混凝土芯柱。

（2）芯柱形式：钢筋混凝土芯柱宜用不低于C15的细石混凝土浇灌，每孔内插入不少于1根直径10mm的钢筋，钢筋底部伸入室内地面下500mm或与基础圈梁锚固顶部与屋盖圈梁锚固，如图6-4所示。

芯柱应沿房屋全高贯通。可采用设置现浇钢筋混凝土板带的方法或预制楼板预留缺口（板端外伸钢筋铺入芯柱）的方法或与圈梁整体现浇的方法，实施芯柱贯通。

砌筑芯柱部位的墙体，

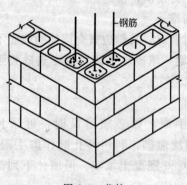

图6-4 芯柱

宜采用不封底的通孔小砌块，如采用半封底的小砌块，必须清除孔洞底部的毛边。

（3）钢筋混凝土芯柱

在芯柱部位，每层楼的第一皮小砌块，应采用开口小砌块或U形小砌块砌出操作孔，操作孔侧面宜预留连通孔；砌筑开口小砌块或U形小砌块时，应随时刮去灰缝内凸出的砂浆，直至一个楼层高度。

砌完一个楼层高度后，应连续浇灌混凝土，且遵守下列规定：

1）清除孔洞内的杂物，并用水冲洗干净。

2）校正钢筋位置，并绑扎或焊接固定。芯柱钢筋应与基础或基础梁中的预埋钢筋焊接；上下楼层的钢筋可在楼板面上搭接，搭接长度不应小于40倍钢筋直径；沿墙高每隔600mm应设置直径4mm钢筋网片拉结，每边伸入墙体应不小于600mm。

3）砌筑砂浆强度大于1MPa后，方可浇灌芯柱混凝土。

4）对整层楼高的芯柱孔洞，先注入适量与芯柱混凝土配比相同的去石水泥砂浆，再浇灌混凝土。每浇灌400～500mm高度，捣实一次，或边浇灌边捣实并宜用插入式振捣器振捣。

5）浇灌芯柱的混凝土，坍落度不应小于90mm，且宜掺加增大混凝土流动性的外加剂，并应事先计算每个芯柱的混凝土用量，按计量浇灌混凝土。

6）芯柱与圈梁交接处，可在圈梁下留置施工缝。

（二）加气混凝土小砌块砌体

1. 施工准备

（1）加气混凝土小砌块运输、装卸过程中，严禁抛掷和倾倒。进场后应按等级、规格分别堆放整齐，堆置高度不宜超过2m。堆放场地必须平整，并应采取排水和防止砌块淋雨的措施。

（2）砌块一般不宜浇水，但在气候特别干燥炎热的情况下，可在砌筑前稍加喷水湿润，但施工时的含水率宜小于15％。

（3）不得使用龄期不足28d的砌块进行砌筑。

（4）准备所需的拉结钢筋或钢筋网片。

（5）砌筑砂浆的强度等级不应低于M5。

（6）准备砌筑墙底部用的烧结普通砖或多孔砖。

（7）立皮数杆：砌筑墙体前，应根据房屋立面及剖面图、砌块规格、灰缝（水平灰缝厚度为15mm，垂直灰缝宽度为20mm）等绘制砌块排列图，并按排列图制作皮数杆。皮数杆应立于墙体转角处和交接处，其间距不宜超过15m。

2. 加气混凝土小砌块墙砌筑

（1）立面组砌形式

加气混凝土小砌块墙可做成单层或双层。单层加气混凝土小砌块墙的厚度等于砌块厚度。双层加气混凝土小砌块墙的厚度等于两侧单墙厚度加空腔宽度，两侧单层墙体用钢筋扒钉拉结。

加气混凝土小砌块墙的底部应砌烧结普通砖或多孔砖，其高度不宜小于200mm。

不同干密度和强度等级的加气混凝土小砌块不应混砌，也不得和其他砖、砌块混砌。

（2）施工方法

加气混凝土小砌块的砌筑方法，一般应采用专用铺灰铲在墙顶上摊铺砂浆，再在已砌好的砌块端面刮抹砂浆，然后把砌块对准位置摆放在砂浆层上，与前一块靠紧，注意留出垂直缝宽度，随手刮去多余砂浆。

1）加气混凝土小砌块墙砌筑时应上下错缝，搭接长度不应小于砌块长度的1/3，并不应小于150mm。如不能满足时，在水平灰缝中应设置2根直径6mm的钢筋或直径4mm的钢筋网片加强，加强筋长度不应小于500mm。

2）加气混凝土小砌块墙的灰缝应横平竖直，砂浆饱满，垂直缝宜用内外临时夹板灌缝。水平灰缝厚度不得大于15mm，垂直灰缝宽度不得大于20mm。灰缝砂浆饱满度不应小于80%。

3）切锯砌块应使用专用工具，不得用斧子或瓦刀等任意砍劈。

4）砌筑外墙时，不得留脚手眼。

5）加气混凝土小砌块墙与框架结构的连接构造、配筋带的设置与构造、门窗框固定方法与过梁做法，以及附墙固定件做法等均应符合设计规定。

6）门窗框安装宜采用后塞口法施工。

7）加气混凝土小砌块墙的转角处及交接处，应使纵横墙砌块隔皮搭接。

8）砌筑加气混凝土小砌块墙的转角处及小砌块墙与相邻的承重结构（墙或柱）交接处，当设计无具体要求时，应沿墙高1m左右在灰缝中设置2根直径6mm的拉结钢筋，伸入墙内长度不得小于500mm，如图6-5所示。墙体设置拉结钢筋的位置应与砌块皮数相符合，竖向位置偏差不应超过一皮高度。

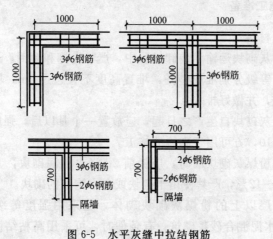

图6-5 水平灰缝中拉结钢筋

9）加气混凝土小砌块墙的预留洞口两侧，应选用规则整齐的砌块砌筑。洞口下部应放置2根直径6mm的钢筋，伸过洞口两边长度每边不得小于 500mm。

10）加气混凝土小砌块墙的每一楼层高度内应连续砌筑，尽量不留接槎。如必须留槎时，应留斜槎，或在门窗洞口侧边间断。

（3）加气混凝土小砌块禁用部位

加气混凝土小砌块墙如无切实有效措施，不得在下列部位使用：

1）建筑物室内地面标高以下部位。

2）长期浸水或经常受干湿交替部位。

3）受化学环境（如强酸、强碱）侵蚀或高浓度二氧化碳等环境。

4）砌块表面经常处于 80℃以上的高温环境。

（三）粉煤灰砌块砌体

1. 施工准备

（1）材料

粉煤灰砌块运输、装卸过程中，严禁抛掷和倾倒。进场后应按规格、等级分别堆放整齐，堆置高度不宜超过 2m。堆放场地必须平整，并做好排水。

粉煤灰砌块自生产之日起，应放置一个月以后，强度等级不低于 MU10，方可用于砌体的施工。

砌筑粉煤灰砌块墙时，应提前 2d 浇水湿润砌块，其含水率宜为 8%～12%，严禁使用干砌块或含水饱和的砌块。

防潮层以上的粉煤灰砌块砌体，应采用强度等级不低于 M2.5 的水泥混合砂浆砌筑；有条件时，可采用高粘结性能的专用砂浆。

准备所需的拉结钢筋或钢筋网片、泡沫塑料条或夹板。

（2）立皮数杆

粉煤灰砌块墙砌筑前，应根据预先绘制的砌块排列图，制作皮数杆，并在墙体转角处设置皮数杆。

2. 粉煤灰砌块墙砌筑

（1）立面组砌形式

粉煤灰砌块墙的厚度为 240mm。粉煤灰砌块墙的立面组砌形式为全顺。

（2）施工方法

粉煤灰砌块墙的砌筑方法一般采用"铺灰灌浆法"。

1）先在墙顶上摊铺砂浆，随后将粉煤灰砌块按砌筑位置摆放在砂浆层上，并与已砌的砌块间留出不大于 20mm 的空隙。

2）砌完一皮后，在两砌块间的空隙两侧塞上泡沫塑料条或装上夹板，从砌块的灌浆槽中逐步灌入砂浆，直至砌块颜面为止；待砂浆凝固后，即可取出泡沫塑料条或卸掉夹板，如图 6-6 所示。

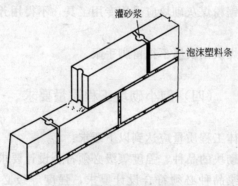

图 6-6　粉煤灰砌块墙砌筑

3）粉煤灰砌块墙砌筑时应上下错缝，搭接长度不宜小于砌块长度的 1/3，并应不小于 150mm。如不能满足时，在水平灰缝中应设置 2 根直径 6mm 的拉结钢筋或直径 4mm 钢筋网片，拉结钢筋或钢筋网片的长度不小于 500mm。

4）粉煤灰砌块墙的灰缝应横平竖直，砂浆饱满。水平灰缝厚度和竖向灰缝宽度（灌浆槽处除外）宜为 10mm，但不应小于 8mm，也不应大于 12mm。

5）粉煤灰砌块墙的转角处及丁字交接处，可使隔皮砌块露头，但应锯平灌浆槽，使砌块端面为平整面。

6）粉煤灰砌块墙中的门窗洞口周边，宜用烧结普通砖砌筑，砌筑宽度应不小于半砖。

7）当设计无具体要求时，粉煤灰砌块墙与承重墙或柱交接处，应沿墙高 1m 左右在水平灰缝中设置 2 根直径 6mm 的拉结钢筋，伸入墙内长度不得小于 500mm。

8）粉煤灰砌块墙中的过梁应采用钢筋混凝土过梁。

9）粉煤灰砌块墙的每一楼层高度内应连续砌筑，尽量不留接槎。如必须留槎时，应留斜槎，或在门窗洞口侧边间断。

10）粉煤灰砌块墙砌至接近梁、板底时，应留一定空隙，在抹灰前采用烧结普通砖斜砌挤紧，其倾斜度宜为 60°左右，砌筑砂浆应饱满。

11）切锯粉煤灰砌块应采用专用工具，不得用斧子或瓦刀等任意砍劈。

12）粉煤灰砌块墙不得留脚手眼。

（四）砌小砌块工程质量要求

砌块砌体工程质量应达到以下要求：

（1）小砌块的品种、强度等级必须符合设计要求。

（2）砂浆品种必须符合设计要求，强度等级必须符合下列规定：

1）同一验收批砂浆立方体抗压强度各组平均值应等于或大于验收批砂浆设计强度等级所对应的立方体抗压强度。

2）同一验收批中砂浆立方体抗压强度的最小一组平均值应等于或大于 0.75 倍验收批砂浆设计强度等级所对应的立方体抗压强度。

（3）砌体砂浆必须密实饱满，水平灰缝的砂浆饱满度应按净面积计算，不得低于90％，竖向灰缝的砂浆饱满度不得低于80％。

（4）外墙的转角处严禁留直槎，其他临时间断处留槎的做法必须符合相应小砌块的技术规程。接槎处砂浆应密实，灰缝、砌块平直。

（5）小砌块缺少辅助规格时，墙体通缝不得超过两皮砌块高。

（6）预埋拉结筋的数量、长度及留置符合设计要求。

（7）清水墙组砌正确，墙面整洁，刮缝深度适宜。

（8）芯柱混凝土的拌制、浇筑、养护应符合《混凝土结构施工质量验收规范》的要求。

（9）小砌块砌体的位置、垂直度、尺寸的允许偏差应符合表6-1的规定。

小砌块砌体的尺寸和位置的允许偏差 表 6-1

项　　目			允许偏差(mm)	检　验　方　法
轴线位置偏移			10	用经纬仪和尺检查
基础顶面和楼面标高			±15	用水平仪和尺检查
小砌块砌体垂直度	每层		5	用2m托线板检查
	全高	≤10m	10	用经纬仪、吊线和尺检查
		>10m	20	
填充墙砌体垂直度	≤3m		5	用2m托线板和尺检查
	>3m		10	
表面平整度	清水墙、柱		5	用2m靠尺和楔形塞尺检查
	混水墙、柱		8	
水平灰缝平直度	清水墙		7	拉10m线和尺检查
	混水墙		10	
门窗洞口高、宽(后塞口)			±5	用尺检查
外墙上下窗口偏移			20	用经纬仪或吊线检查,以底层窗口为准

七、屋面瓦铺挂

（一）瓦与排水管材

1. 瓦

瓦是目前铺盖于坡屋面上作防水用的传统材料。能较好地起到防水作用，因为屋面是以单块瓦拼合组成，所以能有效地消除温度变化而引起的变形。

（1）烧结瓦

烧结瓦是以黏土、页岩等为主要原料，经成型、干燥、熔烧而成的瓦。

烧结瓦按生产工艺分为：

1）压制瓦　经过模压成型后熔烧而成的平瓦、脊瓦。

2）挤出瓦　经过挤出成型后熔烧而成的平瓦、脊瓦。

3）手工脊瓦　用手工方法成型后熔烧而成的脊瓦。

黏土瓦按尺寸偏差、外观质量和物理力学性能分为优等品、一等品和合格品。

（2）混凝土平瓦

混凝土平瓦是以水泥、砂或无机的硬质细骨料为主要原料，经配料混合、加水搅拌、机械滚压或人工操压成型，养护而成的平瓦。

混凝土平瓦标准尺寸为 400mm × 240mm、385mm × 235mm，瓦主体厚度为 14mm。头尾搭接处长度为 60～80mm。内外槽搭接处宽度为 30～40mm。

（3）波形屋面瓦

波形屋面瓦综合了传统小青瓦和黏土平瓦的特点，具有小青瓦的小型，平瓦的不弯曲两个特点。它是由陶土烧制加工而成，面上有波纹，用于装饰性斜屋面上，它的规格为：152mm×152mm，厚8mm，形状如图7-1所示。背后有两条斜筋，利于窝砂浆固定牢固。

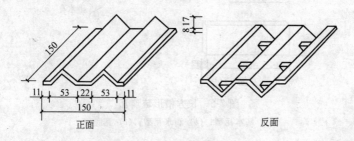

图 7-1　波形瓦

波形屋面瓦的铺筑和镶贴与墙面砖相仿，只是由于波形屋面瓦自身没有防水功能，作为装饰瓦镶贴于斜屋面上时，钢筋混凝土屋面基层应作防水处理，一般可采用微膨胀混凝土刚性防水，加抹 10mm 左右 1：2 水泥防水砂浆后，再行镶贴。

（4）长方槽形琉璃瓦

该种瓦是在传统琉璃瓦的基础上简化来的，主要是作为装饰材料用。

它色泽光洁，用陶土烧制加釉而成，具有立体感，有防水性能，具有抗冻等良好的耐久性，它一般用在较高级的公共建筑或宾馆等装饰性斜屋面或斜挑檐的屋面。

现在使用和常见的规格形状如图7-2所示。

（5）其他瓦的种类

除上面的瓦外，还有小瓦、脊瓦、筒瓦等。具体分类特点如表7-1所示。

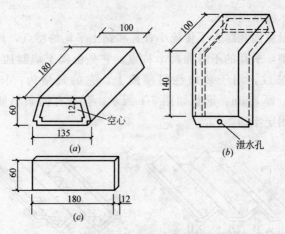

图 7-2 长方槽形琉璃瓦

（a）基本瓦型；（b）滴水瓦型；（c）瓦底砖

黏土小瓦、脊瓦、筒瓦、琉璃瓦、水泥瓦和石板瓦等的特点　表 7-1

种类	特　　性
黏土小瓦	俗称蝴蝶瓦、阴阳瓦和合瓦、小青瓦等，是以黏土为原料，经搅拌压制成型，风干后经过熔烧而制成。小青瓦为弧形片状物，其规格尺寸各地不一，大致长度为 170～200mm，宽度为 130～180mm，厚度为 10～15mm。与之相配合的还有盖瓦和檐口滴水瓦等
脊瓦	是与黏土平瓦配合使用的黏土瓦，专门用来铺盖屋脊。制作方法与黏土平瓦相同。其长度一般为 400mm，宽度为 250mm。有三角形断面与半圆形断面两种，每张瓦重约 3kg。黏土脊瓦的抗折能力应不小于 70kg，能经受 15 次冻融循环，并不得有贯穿性裂缝和缺棱掉角现象，不翘曲、不变形
筒瓦	由黏土制成，呈青灰色，有盖瓦和底瓦两种，用于檐口的还有带滴水的底瓦和带勾头的盖瓦
琉璃瓦	由陶土或瓷土经坯制、烧制而成。瓦的表面施以釉彩，具有传统的民族特色。琉璃瓦是我国宫殿、庙宇等常用的屋面材料
水泥瓦	分平瓦与脊瓦两种，是用水泥加砂配制，经机械加工成型，养护硬化而成。其外形基本与黏土平瓦相似
石板瓦	用天然岩石经加工劈成薄片瓦状的一种屋面覆盖材料，具有良好的不透水性、抗冻性和耐火性，抗折强度也很好，外形有长方形、正方形、菱形等，自重较大

2. 排水管材

建筑物的室外排水管材大多采用水泥管和缸瓦管。

（1）排水管材种类

水泥管是指以水泥砂浆或细石混凝土经压制或离心法成型的圆形管子。分为轻型和重型两种。

水泥管有较好的耐久性，有一定的耐腐蚀能力，价格便宜；但缺点是自重大、质脆、容易损坏。

缸瓦管是指以陶土烧制，表面施釉的圆形管子。具有较强的耐碱性和耐酸性，价格便宜。

（2）排水管材应用

水泥轻型管一般是无筋混凝土或薄壁钢筋混凝土管，适用于外部压力较小和覆土层不厚的条件。水泥重型管是厚壁钢筋混凝土管，一般在外部压力较大或覆土较厚时使用。水泥管应用时应检查其表面是否平滑，混凝土密实情况，有无蜂窝麻面，是否渗水，确保接头处不能缺棱掉面，圆度应准确。

缸瓦管常用于化验室、化工厂等有腐蚀性介质排出的水系统。缸瓦管分直管、十字接头、丁字接头、45°、90°弯头等多种零配件。内径一般为 50～400mm，管长多在 300～1000mm，壁厚一般为 15～30mm。

（二）平瓦屋面铺筑

1. 平瓦屋面基本构造

平瓦屋面的基本构造是：在木屋架之间搁置檩条，檩条上铺设屋面板，在屋面板上干铺油毡一层，油毡上钉顺水条（又称左毡条），顺水条上钉挂瓦条，平瓦就挂在挂瓦条上。在屋脊处要用脊瓦铺盖，并用砂浆来窝牢，如图7-3所示。

平瓦屋面的斜沟，一般用镀锌钢板制作，钢板伸入瓦片下一

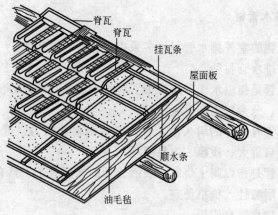

图 7-3 平瓦屋面构造

般不少于150mm，斜沟处的瓦片要打成斜边，如图7-4所示。

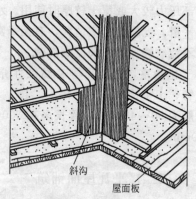

图 7-4 斜沟构造

在山墙挑檐处的一行瓦，其边缘应用水泥麻刀砂浆封固，如图7-5所示。

2. 工艺流程

基层检查→上瓦→挂屋面瓦→挂斜沟、斜脊→山边脊瓦→做平、斜屋面→屋面泛水→屋面验收。

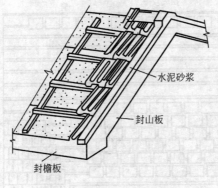

图 7-5　山墙挑檐处构造

3. 平瓦屋面铺设

在屋面铺设平瓦前，应先检查木基层是否平整，挂瓦条的间距是否符合瓦的长度。檐口挂瓦条应比其他挂瓦条高出 20mm。

瓦片要预先运到屋面上摆好，两坡的屋面要同时运瓦，以免屋架受力不匀。

运瓦时，由站在瓦片堆处的人负责挑选，将缺边缺角的破瓦放在一边，可留做山墙处及斜沟处用。每次拿两片，一颠一倒，瓦正面相合。瓦传到屋面上后，在屋面右边（靠山墙处）空下两行（直向）瓦的位置不摆，檐口处第一、第二档挂瓦条处也不摆，以便挂瓦时站脚。从第三档挂瓦条开始，自右向左边传边摆。摆瓦时仍使两瓦片正面相合，但要横转过来（与挂瓦条平行），使上面一片瓦下口向右，叠摆在瓦条上，如图 7-6 所示。瓦的长边伸出瓦条约 50mm 左右，左右距离约 30～40mm，靠屋脊处的一档，要摆成双排以补檐口处的空档，摆到左边山墙处，也要多摆两行瓦，以补开始挂瓦时右边空下的两行瓦，二瓦片的直行要成斜形。摆瓦方式有"条摆"和"堆摆"两种，其中"条摆"要求隔三根挂瓦条摆一条瓦，每米约 22 块；"堆摆"要求一堆 9 块瓦，间距为左右隔两瓦宽，上下隔两根挂瓦条，均匀错

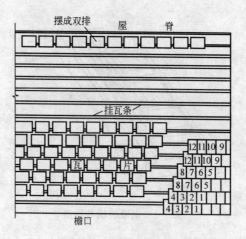

图 7-6 摆瓦及挂瓦

开，摆置稳妥。

挂瓦前，必须将瓦片全部运到屋面上。挂瓦时，左手先将上面一片瓦翻给右手，右手拿住瓦的阴牙一边的中间，左手再拿住下面一片瓦的顶端中间。右手先挂下面一片，左手跟着挂上面一片。操作时，面向右上方成斜形，由右向左，由下往上铺挂，每次挂四排（横向），每排挂四块，挂好四排后，随即向上移动，连续操作。可组织二人小组，先由甲从第一、二、三、四行檐口挂起，挂到大约屋面斜坡一半时，由乙接着向上挂，甲返回再从第五、六、七、八行檐口继续挂瓦。

瓦片应铺成整齐行列，彼此要紧密搭接。在檐口处要成一直线，瓦头挑出一般为 50～70mm。

在斜沟处，应尽量用缺边缺角的瓦，先试铺一下，依斜沟宽度弹上粉线，然后用钢板锯子照线截斜，使两边的斜瓦上下成一直线。

铺脊瓦时，为了防止弯曲起伏不平，要先拉线，然后在屋脊上铺砂浆，再自屋脊的一端开始铺脊瓦。脊瓦应搭盖在两坡面的瓦片上，至少各有 40mm。在脊瓦与脊瓦叠接处及脊瓦与瓦片叠

154

接处，应用加有麻刀的水泥石灰砂浆或水泥黏土砂浆来抹实接缝。为了使砂浆与瓦片的颜色一致，可用颜料掺入砂浆中。青瓦是青色加青烟灰，红瓦是红色加矾红。

沿山墙挑檐的一行瓦片，应用水泥麻刀砂浆做出瓦楞出线，将瓦片封固。

4. 平瓦屋面工程质量

平瓦屋面工程施工质量检验，应按屋面面积每 $100m^2$ 抽查一处，每处 $10m^2$，且不得少于 3 处。

平瓦屋面工程质量合格的标准是：主控项目必须全部符合规定；一般项目应有 80％ 及以上检查处符合标准规定。

（1）平瓦屋面主控项目

1）平瓦及其脊瓦的质量必须符合设计要求。

检验方法：观察；检查出厂合格证或质量检验报告。

2）平瓦必须铺置牢固。地震设防地区或坡度大于 50％ 的屋面，应采取固定加强措施。

检验方法：观察和手扳检查。

（2）平瓦屋面一般项目

1）挂瓦条应分档均匀，铺钉平整、牢固；瓦面平整，行列整齐，搭接紧密，檐口平直。

检验方法：观察检查。

2）脊瓦应搭盖正确，间距均匀，封固严密；屋脊和斜脊应顺直，无起伏现象。

检验方法：观察或手扳检查。

3）泛水做法应符合设计要求，顺直整齐，结合严密，无渗漏。

检验方法：观察检查和雨后或淋水试验。

5. 常见质量问题及防治方法

（1）屋面渗漏

1) 质量问题　瓦片挑选不严，混进了有沙眼和裂纹的瓦片，铺瓦时挤得不紧密；瓦铺好后，在瓦面上行走踩坏了瓦片。

2) 防治措施　一是要对瓦片严格挑选；二是要组织好先后顺序。

（2）沟垄不顺直

1) 质量问题　沟垄不顺直，影响雨水下流的速度，容易产生积聚，特别是当屋面积聚了大量的枯枝败叶时，容易引起渗漏。

2) 防治措施　铺瓦时一定要隔一段距离弹一根垂直线，用以检查瓦垄的顺直度，也可以用 3～4m 长的靠尺将瓦垄排直铺平。

（3）瓦面不平

1) 质量问题　由于混进了翘曲的瓦片和瓦与瓦之间没有挤紧。

2) 防治措施　一面铺一面检查，发现后及时纠正。

（4）檐口不直

1) 质量问题　檐口边瓦的伸出长度不一致，不仅影响美观，而且如果伸出不够可能把水引入室内，造成渗漏，伸出过大则可能在大风时被刮掉。

2) 防治措施　在铺瓦时应先在两山墙各先铺一块瓦固定好，并量好出檐尺寸，然后拉上通长准线，檐口瓦以此为准铺设。

（三）小青瓦屋面铺筑

小青瓦的种类有青瓦、合瓦、水清瓦、蝴蝶瓦、布纹瓦。

1. 小青瓦屋面构造

小青瓦屋面一般构造是：在屋架之间铺钉檩条，檩条上铺椽条（又称椽子），在椽条上铺苇箔、荆芭或屋面板作为基层，再在基层上面抹麦草泥，小青瓦就铺设在麦草泥上。

按照小青瓦铺设形式，分为阴阳瓦屋面（俯瓦与仰瓦间隔成行的屋面）和仰瓦屋面（只有仰瓦行列的屋面和在仰瓦行列做成灰梗的屋面）两种。如图 7-7 所示。

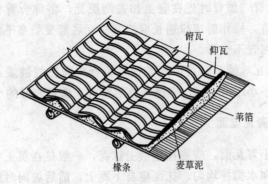

图 7-7　小青瓦屋面构造

2. 工艺流程

准备工作→运瓦和摆放→筑脊铺瓦→清扫屋面完成铺筑

（1）小青瓦质量检查及挑选

1）质量要求　小青瓦质量无统一规定，但瓦片中不得含有石灰等杂质；砂眼较多、裂缝较大、翘曲、欠火较酥和质量不好的青瓦，一般不宜使用。

2）注意事项　对小青瓦的质量应认真检查，检查时既要看成色又要听声音，好的瓦应该是色泽一致、尺寸相同、弯曲弧度相等，轻轻敲击时声音清亮。

（2）运送和摆放

运瓦瓦片立放成条形或圆形堆存，高度以 5～6 层为宜。小青瓦容易破损，应尽量减少倒运，以减少损坏。堆放场地应靠近施工的建筑物。

摆放小青瓦应均匀而有次序地摆在椽条上，阴瓦和阳瓦分别堆放。屋脊边应多摆一些，以备做屋脊之用。

（3）筑脊铺瓦

1）做边楞和端头瓦　根据小青瓦屋脊作法，先在山墙做出边楞和脊下两坡端的头瓦。

2）做脊　做脊时先在脊上扣盖两层瓦，俗称合背脊。筑脊要求平、直，操作时应拉通长麻线。脊瓦底部要垫塞平稳，坐灰饱满，使屋脊不变形。

3）铺瓦　铺瓦时可以顺坡按老头瓦走向拉线铺盖。檐口瓦挑出檐口不小于 50mm；应挑选外形整齐、质量较好的小青瓦。

3. 小青瓦屋面

铺设小青瓦前，应先在基层上抹泥，一般是在黄土中加些麦草或稻草和水搅拌均匀。抹泥应自下而上，前后坡同时进行，并至少分两层铺抹，第一层厚度不宜超过 60mm，铺抹后待其略微干燥，再铺抹第二层，厚度以 20～40mm 为宜。

阴阳瓦屋面铺设时，应根据瓦的大小按横向瓦片与瓦片之间的净距离（约 40～60mm），在屋脊及据口处划好每一垄仰瓦的中心线，然后自檐口起向上先铺仰瓦，上下瓦片搭接长度至少为瓦长的 2/3，俗称"一搭三"。檐口处瓦头应伸出约 50mm。在两垄仰瓦之间要用草泥填实，不使仰瓦松动。做山墙披水时，山墙顶的瓦片挑出部分约为瓦宽的 1/2，瓦行的侧面要校直，上下搭接要疏密一致，没有翘曲及张口现象。

仰瓦铺好两垄后，即可在两垄仰瓦间铺俯瓦，以后每铺一垄仰瓦，随即铺一垄俯瓦。铺俯瓦时，其檐口第一块瓦的外口应用小瓦片抹砂浆垫高约 2～3 块瓦片的厚度，然后按"一搭三"方法向上铺至屋脊。俯瓦搭盖仰瓦宽度每边应为 40～60mm。

俯瓦铺好后，在檐口部分用麻刀灰涂塞，粉平压光。在屋脊处也要用瓦片覆盖，用麻刀灰镶砌填满，上面成半圆形或其他形式。

仰瓦屋面的铺设方法与上述相同，在做灰梗时应先将两行仰瓦间的空隙用草泥填实，然后用麻刀灰做出灰梗，再在灰梗上涂刷青灰浆，并压实抹光。不做灰梗时，应严格挑选外形整齐一致的瓦片，每垄瓦的边缘应相互咬接紧密。

（四）筒瓦屋面铺筑

1. 筒瓦的种类

筒瓦是阴阳瓦中的一种，呈半圆筒形。

按颜色可划分为：青瓦、红筒瓦及涂有彩釉的琉璃瓦；

按铺排方式可划分为：底瓦、盖瓦、滴水瓦和勾头瓦。

（1）底瓦　底瓦呈板状，但板面微凹扁而宽。其规格尺寸（mm）为：0号：长225，宽225；1号：长200，宽200；2号：长180，宽180；3号：长160，宽160；10号：长110，宽110。

（2）盖瓦　盖瓦横断面为半圆形，铺时扣盖在板瓦之上。其规格尺寸（mm）为：0号长305，宽160；1号：长210，宽130；2号：长190，宽110；3号：长170，宽90；10号：长90，宽70。

（3）滴水瓦　在板瓦一端带向下垂的云纹瓦块，以便瓦垄中的雨水顺该处下滴。它铺在底瓦最下面的格头之上。

（4）勾头瓦　它是檐口处第一块盖瓦，端头上有一块圆形的图案，勾挡住瓦头，称为勾头。

2. 铺筑工艺

准备工作→拌制灰浆→苫脊→分中号垄→摆瓦→调脊→清理→屋面验收

3. 施工方法

（1）底瓦的搭接

瓦与底瓦相叠搭接要均匀，间距为30mm。盖瓦覆于底瓦之上，其搭接宽度为25～30mm。底瓦之间净距及沟宽视瓦的规格而定，一般前者为60mm，后者为80～160mm。

（2）试铺

最好先在地上试铺 1～2 楞，长 1m 左右，认为合适后即可画出样板，然后按照样板在屋面上进行瓦楞分档。若最后不足一楞、半楞又有多余时，要根据山墙的形式进行调整。

（3）浸润

先将瓦片浇水润湿，使砂浆与瓦片有较好的粘结。

（4）底瓦

铺时应从下而上，从右到左或从左到右均可，但必须按分楞弹的线进行。底瓦大头朝下，檐口第一张底瓦要离开封檐50mm，以利排水。若檐口不用滴水瓦时，第一张滴水瓦下面要用石灰混合砂浆坐灰，并以碎石、碎瓦垫塞密实。

（5）盖瓦

铺一段距离后，用靠尺板检查瓦片是否平直、整齐、通顺。待第二列底瓦铺出一段长度后就可铺挂盖瓦。此时，在盖瓦下要铺满同样砂浆，但不要超出搭接范围，使盖瓦能坐灰覆上，用手推移找准，对称搭在两列瓦上，合适后方可将盖瓦压实。其余部分均按此法继续铺挂。对瓦缝应随铺随勾。

（6）做脊

先将脊瓦分布在屋脊的第二楞瓦上，铺好一端脊瓦，另一端干叠两张脊瓦，拉好准线，然后在两坡屋脊第一楞瓦口上铺水泥石灰砂浆，宽约 50～80mm，把脊瓦放上，对准线用手揿压窝牢铺好后用水泥麻刀灰嵌缝。

（7）筒瓦与斜脊交接处

先试铺，弹线，编好号，再按编号进行铺设。

（五）其他瓦屋面

1. 长方槽形琉璃瓦

（1）琉璃瓦的操作工艺为：基层防水→找坡排瓦→铺瓦

1）基层防水

由于该瓦中有面瓦无底瓦，故不能起防水作用，因此基础需用防水处理。防水处理分为两种情形，一种是装饰面积较小的，可采用前面所述的波纹瓦方法处理；另一种是装饰面积较大，屋面坡度小的，则应做质量较高的防水层，如做成柔性防水层，如图 7-8 所示。

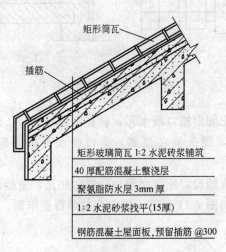

矩形筒瓦

插筋

矩形玻璃筒瓦 1：2 水泥砖浆铺筑

40 厚配筋混凝土整浇层

聚氨脂防水层 3mm 厚

1：2 水泥砂浆找平（15 厚）

钢筋混凝土屋面板，预留插筋 @300

图 7-8 琉璃瓦基层做柔性防水层

2）找坡排瓦

该类琉璃瓦的檐口滴水瓦有一定的角度，设计时一般是加以考虑并要求做相应的坡度。但由于施工时可能造成误差，使檐口滴水瓦的角度与屋面坡度不吻合，因此需要加一道找坡的工序，并在找坡时把挂住檐口滴水瓦的铜丝预埋好。

坡度找好之后，根据瓦的大小与间距分垄弹墨线。弹线必须在用样板试排后才能进行。要求第一块瓦离端头马头墙有一个小的距离，如图 7-9 所示，瓦排好后就可以开始铺瓦。

3）铺瓦

铺瓦时次序是先铺底砖，再铺面瓦。铺时可用 1：2 水泥砂浆铺贴，铺贴必须落实。

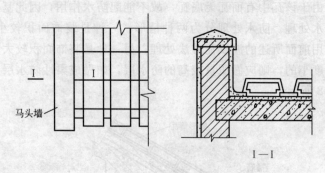

图 7-9　马头墙处理

　　铺瓦时应先固定檐口滴水瓦，检查出檐一致后，即可以从滴水瓦往上铺筑，找头留在顶部，檐口滴水瓦的固定如图 7-10 所示。

　　面瓦可坐灰铺筑，座灰必须在凹槽内扣足，使砂浆在固定孔内形成垛头，如图 7-11 所示，以使瓦粘结得更牢固。

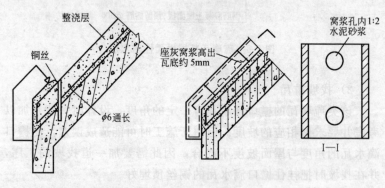

图 7-10　檐口滴水瓦的固定　　　　图 7-11　面瓦坐灰

　　铺筑完结，及时清理多余砂浆和污染处，并用与瓦色相同的水泥砂浆嵌瓦边缝道，最后用棉丝擦干净。

　　（2）波形屋面瓦与长方槽形琉璃瓦的质量要求

　　1）粘结牢固，用小锤敲击检查无空鼓。

2）矩形琉璃瓦的檐口滴水瓦必须用铜丝拴挂牢固。

3）瓦垄整齐平直，外观顺服。

4）瓦不得有缺角、破裂、损边肋等现象。

5）操作前应对瓦进行挑选，瓦应提前浸水湿润。

6）凡有柔性防水层的，应进行操作前的隐蔽验收和交接验收。

（3）易发生的质量通病及克服办法

1）波纹瓦的四角、槽瓦的中间易发生空鼓。克服办法是砂浆稠度要控制好，铺灰时用量要掌握好，太少易空，太多易挤浆污染已铺的瓦。铺好后要用木锤敲击密实。

2）槽瓦的滴水铜丝拴得不紧，滴水瓦易活动。克服办法是挂一块检查一块，按前檐线走。

3）出檐不一致、不直。克服办法是前檐线要拉竖拉直，操作时注意经常看准确，防止拱线。

4）瓦缝水平线不平垄不直。产生原因是选瓦不好或瓦材本身差，或操作时前后左右没有照顾好。克服办法：选材时分类归堆使用，使用时考虑搭配，操作时一定要跟前檐线，跟弹的墨线走，左右瓦缝要用平尺检查。

2. 蒸压加气混凝土板屋面

一般钢筋混凝土屋面由于保温性能差，往往需要再在屋面板上做保温层，这样既增加了施工周期、造价，又选成屋面渗漏的隐患。而蒸压加气混凝土板兼有保温、承重的双重功能，使屋面一次成活，大大简化了屋面的施工。此外还具有质轻、易加工的特点。

（1）板材规格：

代号为 JWB，长度为 1.8～6m，宽度 600mm，厚 150～250mm。

（2）施工要点

1）采用加气混凝土屋面板做平面屋面时，宜结构找坡，支座部位应铺设 20mm 厚砂浆板与支座应有连续构造措施，例如在板的支座处设置预埋铁件，与放入椽内的钢筋连接。

当板支承于砖墙上时，支承长度应不小于 100mm，支承于钢筋混凝土梁和钢梁上时，支承长度不小于 80mm。

2）屋面板不得截短使用，若板较宽，可切锯，切锯时不应破坏板的整体刚度。

3）加气混凝土屋面板应堆放在坚实平坦的场地上，四周应有排水沟，在板吊点外的板底应设置垫木、堆高一般不超过 5 块屋面板。

4）板的安装顺序：

支座找平→座浆→安装→板缝间连接→板缝内放钢筋与支座。

5）屋面板灌缝后，在常温条件下 2d 内不能上人和加载，屋面板上做防水层时，基层要干燥，空气温度太高时不得铺设。

（3）质量、安全注意事项

1）屋面板进场要加强验收。进场屋面板要核对型号及有关板性能的合格证是否符合要求。

2）板要按上述标准堆放，不得乱堆乱放。

3）堆放场地排水沟应畅通无阻，雨期要有防雨措施。

4）屋面板吊装就位时，要注意板与板之间空隙的留设，空缝过小，不利灌缝。

八、地下管道排水工程施工

我们通常见到建筑物的地下管道排水系统一般分为污水排放系统和雨水排放系统。它们均由具有一定坡度的管道和检查井（即窨井）连接而成，而污水排放系统往往还要连接化粪池。这里介绍排水管道、窨井和化粪池施工工艺。

（一）下水道干管铺设及闭水试验方法

1. 下水道干管铺设

（1）施工准备

1）材料准备

① 水泥、砂子、碎石或卵石配备充足，材质满足要求。

② 管材准备：各种管径的管材（水泥管、陶瓦管等）按规格分别堆放，并按设计要求，检查管子的强度、外观质量。管材的强度以出厂合格证为准，凡有裂缝、弯曲、圆度变形而无法承插的或承插口破损的都不能使用。

2）工具准备：除小型自带工具外，还须准备绳子、杠子、撬棒、脚手板等。

3）作业条件准备：管沟或坑槽土已挖好，垫层已完成。

（2）铺管

1）下管：先将需要铺设的管子运到基槽边，但不允许滚动到基槽边，下管时应注意管子承插口的方向。

2）就位顺序：管子的就位应从低处向高处，承插口应处于高一端，如图 8-1 所示。

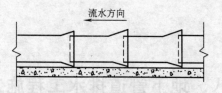

图 8-1　管子就位顺序

3) 就位：当管子到位后，应根据垫层上面弹出的管线位置对中放线，两侧可用碎砖先垫牢卡住。第一节管子应伸入窨井位置内，其深入长度根据井壁厚度确定，一般管口离井内壁约50mm，承插第二节管子时，应先在第一节管子的承插口下半圈内抹上一层砂浆。再插第二节管，使管口下部先有封口砂浆，以便于下一步封口操作。每节管都依此方法进行，直至该段管子铺设完成。

从第二窨井起，每个窨井先摆上出水管，但此管暂时不窝砂浆，先做临时固定，待井壁砌到进水管底标高时，再铺进水管。

穿越窨井壁的进、出水管周围要用1：3水泥砂浆窝牢，嵌塞严密，并将井内、外壁与管子周围用同样砂浆抹密实。

当井壁砌完进、出水管面后，井内管子两旁要用砖头砌成半圆筒形，并用1：2.5水泥砂浆抹成泛水，抹好后的形状如对剖开管（俗称流槽），使水流集中，增加冲力。如果管子在窨井处直交或斜交，抹好后如剖开弯头，但弯头的外向应向于内向，以缓冲水的离心力，有利排水。

（3）封口、窝管

1）封口

用1：2水泥砂浆将承插口内一圈全部填嵌密实，再在承插口处抹成环箍状。常温时应用湿草袋洒水养护，冬期应作保温养护。

2）窝管

为了保证管道的稳固，在完成封口后，在管子两侧用混凝土填实做成斜角（叫做窝管）。窝管的形状，如图8-2所示。

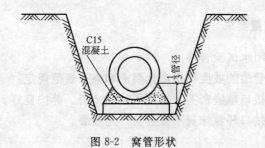

图 8-2 窝管形状

填混凝土时，注意不要损伤接口处，并应避免敲击管子。窝管完毕与封口一样养护。

2. 下水道闭水试验方法

下水道因接头多，通常分段进行试验，试验方法有如下几种：

（1）分段满灌法

将试验段相邻的上下窨井管口封闭（用砖和黏土砂浆密封和用木板衬垫橡皮圈顶紧密封），然后在两窨井之间灌水，水要高出管面（特别是进水管面），接着进行逐根检查，如有渗水现象，说明接头不严实，应即修补。

（2）送烟检查法

将试验段管子一端封闭，在另一端把点燃的杂草或稻草塞入管中，用打气筒送风，若发现某节管有冒烟现象，说明接头处不够严密，会渗水，应修补到不冒烟为止。

以上是下水道工程常用的试验方法，其他还有充气吹泡法、定压观察法等。可根据施工具体情况进行选用。管道经闭水试验修补完成后，应立即进行回填土。

在回填土时应注意，不能填入带有碎砖、石块的黏土，以免砸坏管子。回填时应在管子两侧同时进行，并用木锤捣实，但用力要均匀，以防管子移动，回填土应比原地面高出 50～100mm，利于回填土下沉固结，不致形成管槽积水。

3. 质量要求

（1）闭水试验合格。

（2）管道的坡度符合设计要求和施工规范规定。

（3）接口填嵌密实，灰口平整、光滑、养护良好。

（4）接口环箍抹灰平整密实，无断裂。

（二）窨　井

1. 窨井的构造

窨井由井底座、井壁、井圈和井盖构成。形状有方形与圆形两种。一般多用圆窨井，在管径大，支管多时则用方窨井。

2. 窨井砌筑要点

（1）材料准备

1）普通砖、水泥、砂子、石子准备充足。

2）其他材料，如井内的爬梯铁脚，井座（铸铁、混凝土）、井盖等，均应准备好。

（2）技术准备

1）井坑的中心线已定好，直径尺寸和井底标高已复测合格。

2）井的底板已浇灌好混凝土，管道已接到井位处。

3）除一般常用的砌筑工具外，还要准备 2m 钢卷尺和铁水平尺等。

（3）井壁砌筑

1）砂浆应采用水泥砂浆，强度等级按图纸确定，稠度控制在 80～100mm，冬期施工时砂浆使用时间不超过 2h，每个台班应留设一组砂浆试块。

2）井壁一般为一砖厚（或由设计确定），方井砌筑采用一顺一丁组砌法；圆井采用全丁组砌法。井壁应同时砌筑，不得留槎；灰缝必须饱满，不得有空头缝。

3）井壁一般都要收分。砌筑时应先计算上口与底板直径之差，求出收分尺寸，确定在何层收分，然后逐皮砌筑收分到顶，并留出井座及井盖的高度。收分时一定要水平，要用水平尺经常校对，同时用卷尺检查各方向的尺寸，以免砌成椭圆井和斜井。

4）管子应先排放到井的内壁里面，不得先留洞后塞管子。要特别注意管子的下半部，一定要砌筑密实，防止渗漏。

5）从井壁底往上每5皮砖应放置一个铁爬梯脚蹬，梯蹬一定要安装牢固，并事先涂好防锈漆，如图8-3所示。

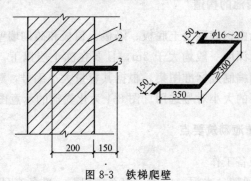

图 8-3　铁梯爬壁
1—砖砌体；2—井内壁；3—脚蹬

（4）井壁抹灰

在砌筑质量检查合格后，即可进行井壁内外抹灰，以达到防渗要求。

1）砂浆采用1：2水泥砂浆（或按设计要求的配合比配制），必要时可掺入水泥含量3%～5%的防水粉。

2）壁内抹灰采用底、中、面三层抹灰法。底层灰厚度为5～10mm，中层灰为5mm，面层灰为5mm，总厚度为15～20mm，每层灰都应压光一般采用五层操作法。

（5）井座与井盖可用铸铁或钢筋混凝土制成。在井座安装前，测好标高水平再在井口先做一层100～150mm厚的混凝土封口，封口凝固后再在其上铺水泥砂浆，将铸铁井座安装好。经检查合格，在井座四周抹 1∶2 水泥砂浆泛水，盖好井盖。

（6）在水泥砂浆达到一定强度后，经闭水试验合格，即可回填土。

（7）砌体砌筑质量要求如下：

1）砌体上下错缝，无裂缝。

2）窨井表面抹灰无裂缝、空鼓。

（三）化　粪　池

1. 化粪池的构造

化粪池由钢筋混凝土底板、隔板、顶板和砖砌墙壁组成。化粪池的埋置深度一般均大于 3m，且要在冻土层以下。它一般是由设计部门编制成标准图集，根据其容量大小编号，建造时设计人员按需要的大小对号选用。图 8-4 为化粪池的示意图。

2. 化粪池砌筑要点

（1）准备工作

1）普通砖、水泥、中砂、碎石或卵石，准备充足。

2）其他如钢筋、预制隔板、检查井盖等，要求均已备好料。

3）基坑定位桩和定位轴线已经测定，水准标高已确定并作好标志。

4）基坑底板混凝土已浇好，并进行了化粪池壁位置的弹线。基坑底板上无积水。

5）已立好皮数杆。

（2）池壁砌筑

1）砖应提前 1 天浇水湿润。

2）砌筑砂浆应用水泥砂浆，按设计要求的强度等级和配合比拌制。

3）一砖厚的墙可以用梅花丁或一顺一丁砌法：一砖半或二砖墙采用一顺一丁砌法。内外墙应同时砌筑，不得留槎。

170

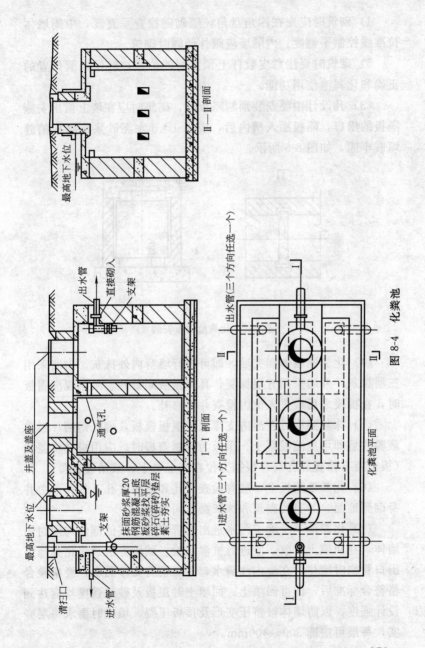

图 8-4 化粪池

II—II 剖面

I—I 剖面

化粪池平面

出水管

直接砌入

支架

井盖及盖座

通气孔

最高地下水位

抹面砂浆厚20
钢筋混凝土底
板砂浆找平层
碎石(碎砖)垫层
素土夯实

支架

清扫口

进水管

最高地下水位

出水管(三个方向任选一个)

进水管(三个方向任选一个)

出水管(三个方向任选一个)

4）砌筑时应先在四角盘角，随砌随检查垂直度，中间墙体拉准线控制平整度；内隔墙应跟外墙同时砌筑。

5）砌筑时要注意皮数杆上预留洞的位置，确保孔洞位置的正确和化粪池使用功能。

（3）凡设计中要安装预制隔板的，砌筑时应在墙上留出安施隔板的槽口，隔板插入槽内后，应用1：3水泥砂浆将隔板槽缝填嵌牢固，如图8-5所示。

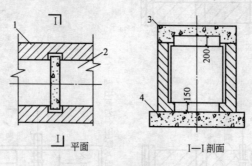

图 8-5　化粪池隔板安装

（4）化粪池墙体砌完后，即可进行墙身内外抹灰。内墙采用三层抹灰，外墙采用五层抹灰，具体做法同窨井。采用现浇盖板时，在拆模之后应进入池内检查并作修补。

（5）抹灰完毕可在池内支撑现浇顶板模板，绑扎钢筋，经隐蔽验收后即可浇灌混凝土。顶板为预制盖板时，应用机具将盖板（板上留有检查井孔洞）根据方位在墙上垫上砂浆吊装就位。

（6）化粪池顶板上一般有检查井孔和出渣井孔，井孔要由井身砌到地面。井身的砌筑和抹灰操作同窨井。

（7）化粪池本身除了污水进出的管口外，其他部位均须封闭墙体，在回填土之前，应进行抗渗试验。试验方法是将化粪池进出口管临时堵住后在池内注满水，并观察有无渗漏水，经检验合格符合标准后，即可回填土。回填土时顶板及砂浆强度均应达到设计强度，以防墙体被挤压变形及顶板压裂，填土时要求每层夯实，每层可虚铺 300～400mm。

（8）化粪池砌筑质量要求如下：

1）砖砌体上下错缝，无垂直通缝。

2）预留孔洞的位置符合设计要求。

3）化粪池砌筑的允许偏差同砌筑墙体要求。

九、地面砖铺砌和乱石路面铺筑

（一）地面砖的类型和材质要求

1. 普通砖

普通砖即一般砌筑用砖，规格为 240mm×115mm×53mm，要求外形尺寸一致、不挠曲、不裂缝、不缺角，强度不低于 MU7.5。

2. 缸砖

采用陶土掺以色料压制成型后烘烧而成。一般为红褐色，亦有黄色和白色，表面不上釉，色泽较暗。形状有正方形，长方形和六角形等。规格有 100mm×100mm×10mm、150mm×150mm×15mm、150mm×75mm×15mm、100mm×50mm×10mm。质量上要求外观尺寸准确、密实坚硬、表面平整、无凹凸和翘曲、颜色一致、无斑，不裂、不缺损。抗压、抗折强度及规格尺寸符合设计要求。

3. 水泥砖（包括水泥花砖、分格砖）

水泥砖是用干硬性砂浆或细石混凝土压制而成，呈灰色，耐压强度高。水泥平面砖常用规格 200mm×200mm×25mm；格面砖有 9 分格和 16 分格两种，常用规格有 250mm×250mm×30mm、250mm×250mm×50mm 等。要求强度符合设计要求、边角整齐、表面平整光滑，无翘曲。

水泥花砖系以白水泥或普通水泥掺以各种颜料和机械拌和压

制成型。花式很多，分单色、双色和多种色三类。常用规格有200mm×200mm×18mm、200mm×200mm×25mm等。要求色彩明显、光洁耐磨、质地坚硬。强度符合设计要求，表面平整光滑，边角方正，无扭曲和缺棱掉角。

4. 预制混凝土大块板

预制混凝土大块板用干硬性混凝土压制而成，表面原浆抹光，耐压强度高，色泽呈灰色，使用规格按设计要求而定。一般形状有正方体形、长方体形和多边六角体形。常用规格有495mm×495mm，路面块厚度不应小于100mm，人行道及庭院块厚度应大于50mm，要求外观尺寸准确，边角方正，无扭曲、缺棱、掉角，表面平整，强度不应小于20MPa或符合设计要求。

5. 地面砖用结合层材料

砖块地面与基层的结合层有用砂子、石灰砂浆、水泥砂浆和沥青胶结料等。砂结合层厚度为20～30mm，砂浆结合层厚度为10～15mm；沥青胶结料结合层厚度为2～5mm，如图9-1所示。

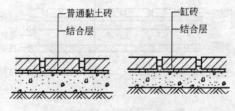

图 9-1　砖面层

（1）结合层用的水泥可采用普通硅酸盐水泥或矿渣硅酸盐水泥。

（2）结合层用砂应采用洁净无有机质的砂，使用前应过筛，不得采用冻结的砂块。

（3）结合层用沥青胶结料的标号应按设计要求经试验确定。

（二）地面构造层次和砖地面适用范围

1. 地面的构造层次及作用

面层：直接承受各种物理和化学作用的地面或楼面的表面层；

结合层（粘结层）：面层与下一构造层相联结的中间层，也可作为面层的弹性基层；

找平层：在垫层上、楼板上或填充层（轻质、松散材料）上起整平、找坡或加强作用的构造层；

隔离层：防止建筑地面上各种液体（含油渗）或地下水、潮气渗透地面等作用的构造层，仅防止地下潮气渗透地面也可称作防潮层；

填充层：在建筑地面上起隔声、保温、找坡或敷设管线等作用的构造层；

垫层：承受并传递地面荷载于地基上的构造层。

砖地面和楼面的构造层次见图 9-2 所示。

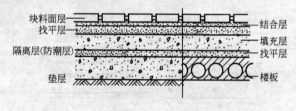

图 9-2 砖地面、砖楼面

2. 砖地面适用范围

（1）普通砖地面：室内适用于临时房屋和仓库及农用一般房屋的地面；室外用于庭院、小道、走廊、散水坡等。

（2）水泥砖：水泥平面砖适用于铺砌庭院、通道、上人屋面、平台等的地面面层；水泥格面砖适用于铺砌人行道、便道和庭院等。水泥花砖适用于公共建筑物部分的楼（地）面，如盥洗室、浴室、厕所等。

（3）缸砖：缸砖面层适用于要求坚实耐磨、不起尘或耐酸碱、耐腐蚀的地面面层，如实验室、厨房、外廊等。

（4）预制混凝土大块板

混凝土大块板具有耐久、耐磨、施工工艺简单方便快速等优点，并便于翻修。常用于工厂区和住宅的道路、路边人行道和工厂的一些车间地面、公共建筑的通道、通廊等。

（三）地面砖铺砌施工工艺要点

1. 地面砖铺砌工艺流程

准备工作→拌制砂浆→摆砖组砌→铺砌地面砖→养护、清扫干净。

2. 铺砌工艺要点

（1）准备工作

1）材料准备：砖面层和板块面层材料进场应做好材质的检查验收，查产品合格证，按质量标准和设计要求检查规格、品种和强度等级。按样板检查图案和颜色、花纹，并应按设计要求进行试拼。验收时对于有裂缝、掉角和表面有缺陷的板块，应予剔出或放在次要部位使用。品种不同的地面砖不得混杂使用。

2）施工准备：地面砖在铺设前，要先将基层面清理，冲洗干净，使基层达到湿润。砖面层铺设在砂结合层上之前，砂垫层和结合层应洒水压实，并用刮尺刮平。砖面层铺设在砂浆结合层上的或沥青胶结料结合层上的，应先找好规矩，并按地面标高留出地面砖的厚度贴灰饼，拉基准线每隔1m左右冲筋一道，然后刮素水泥浆一道，用1:3水泥砂浆打底打平，砂浆稠度控制在30mm左右，其水灰比宜为0.4～0.5。找平层铺好后，待收水即用刮尺板刮平整，再用木抹子打平整。对厕所、浴室的地面，应由四周向地漏方向做放射形冲筋、并找好坡度。铺时有的要在找平层上弹出十字中心线，四周墙上弹出水平标高线。

（2）拌制砂浆地面砖铺筑砂浆一般有以下几种：

1）1:2或1:2.5水泥砂浆（体积比），稠度25～35mm，适用于普通砖、缸砖地面。

2）1:3干硬性水泥砂浆（体积比）以手握成团，落地开花为准适用于断面较大的水泥砖。

3）M5水泥混合砂浆，配比由试验室提供。一般用作预制混凝土块粘结层。

4）1:3白灰干硬性砂浆（体积比），以手握所团、落地开花为准。用作路面250mm×250mm水泥方格砖的铺砌。

（3）摆砖组砌

地面砖面层一般依砖的不同类型和不同使用要求采用不同的摆砌方法。普通砖的铺砌形式有"直行"、"对角线"或"人字形"等，如图9-3所示。在通道内宜铺成纵向的"人字形"，同时在边缘的一行砖应加工成45°角，并与地坪边缘紧密连接，铺砌时，相邻两行的错缝应为砖长度1/3～1/2。水泥花砖各种图案颜色应按设计要求对色、拼花、编号排列，然后按编号码放整齐。

直行　　　　　对角线　　　　　人字形

图9-3　普通粘土砖铺地形式

缸砖、水泥砖一般有留缝铺贴和满铺砌法两种。混凝土板块以铺满砌法铺筑，要求缝隙宽度不大于6mm。当设计无规定时，紧密铺贴缝隙宽度宜为 1mm 左右；虚缝铺贴缝隙宽度宜为 5～10mm。

（4）普通砖、缸砖、水泥砖面层的铺筑

1）在砂结合层上铺筑：按地面构造要求基层处理完毕，找平层结束后，即可进行砖面层铺砌。

① 挂线铺砌：在找平层上铺一层 15～20mm 厚的黄砂，并洒水压实，用刮尺找平，按标筋架线，随铺随砌筑。砌筑时上楞跟线以保证地面和路面平整，其缝隙宽度不大于 6mm，并用木锤将砖块敲实。

② 填充缝隙：填缝前，应适当洒水并将砖拍实整平。填缝可用细砂、水泥砂浆。用砂填缝时，可先用砂撒于路面上，再用扫帚扫入缝中。用水泥砂浆填缝时，应预先用砂填缝至一半的高度，再用水泥砂浆填缝扫平。

2）在水泥或石灰砂浆结合层上铺筑

① 找规矩、弹线：在房间纵横两个方向排好尺寸，缝宽以不大于 10mm 为宜，当尺寸不足整块砖的位置时，可裁割半块砖用于边角处，尺寸相差较小时候，可调整缝隙。根据确定后的砖数和缝宽，在地面上弹纵横控制线，约每隔四块砖弹一根控制线，并严格控制方正。

② 铺砖：从门口开始，纵向先铺几行砖，找好规矩（位置及标高）以此为筋压线，从里面向外退着铺砖，每块砖要跟线。在铺设前，应将水泥砖浸水湿润，其表面无明水方可铺设，结合层和板块应分段同时铺砌。铺砌时，先扫水泥浆于基层，砖的背面朝上，抹铺砂浆，厚度不小于 10mm 砂浆应随铺随拌，拌好的砂浆应在初凝前用完。将抹好灰的砖，码砌到扫好水泥浆的基层上，砖上楞要跟线，用木锤敲实铺平。铺好后，再拉线修正，清除多余砂浆。板块间和板块与结合层间，以及在墙角、镶边和靠墙边，均应紧密贴合，不得有空隙，亦不得在靠墙处用砂浆填补代替板块。

③ 勾缝：面层铺贴应在 24h 内进行擦缝、勾缝和压缝工作。

缝的深度宜为砖厚的1/3，擦缝和勾缝应采用同品种、同强度等级、同颜色的水泥。分缝铺砌的地面用1∶1水泥砂浆勾缝，要求勾缝密实，缝内平整光滑，深浅一致。满铺满砌法的地面，则要求缝隙平直，在敲实修好的砖面上撒干水泥面，并用水壶浇水，用扫帚将其水泥浆扫放缝内。亦可用稀水泥浆或1∶1稀水泥砂浆（水泥∶细砂）填缝。将缝灌满并及时用拍板拍振，将水泥浆灌实，同时修正高低不平的砖块。面层溢出的水泥浆或水泥砂浆应在凝结前予以清除，待缝隙内的水泥凝结后，再将面层清理干净。

④ 养护：普通砖、缸砖、水泥砖面层如果采用水泥砂浆作为结合层和填缝的，待铺完砖后，在常温下24h应覆盖湿润，或用锯末浇水养护，其养护不宜少于7d。3d内不准上人。整个操作过程应连续完成，避免重复施工影响已粘贴好的砖面。

3）在沥青胶结料结合层上铺筑

① 砖面层铺砌在沥青胶结料结合层上与铺砌在砂浆结合层上，其弹线、找规矩和铺砖等方法基本相同。所不同的是沥青胶结料要经加热（150～160℃）后才可摊铺。铺时基层应刷冷底子油或沥青稀胶泥，砖块宜预热，当环境温度低于5℃时，砖块应预热到40℃左右。冷底子油刷好后，涂铺沥青胶结料，其厚度应按结合层要求稍增厚2～3mm，砖缝宽为3～5mm，随后铺砌砖块并用挤浆法把沥青胶结料挤入竖缝内，砖缝应挤严灌满，表面平整。砖上楞跟线放平，并用橡胶锤敲击密实。

② 灌缝：待沥青胶结料冷却后铲除砖缝口上多余的沥青，缝内不足处再补灌沥青胶结料，达到密实。填缝前，缝隙应予以清理，并使之干燥。

（5）混凝土大块板铺筑路面

1）找规矩、设标筋：铺砌前，应对基层验收，灰土基层质量检验宜用环刀取样。如道路两侧须设路边侧石，应拉线、挖槽、埋设混凝土路边侧石，其上口要求找平、找直。道路两头按坡向要求各砌一排预制混凝土块找准，并以此作为标筋，铺砌道路预制混凝土大块板。

2）挂线铺砌：在已打好的灰土垫层上，铺一层 25mm 厚的 M5 水泥混合砂浆，随铺浆随铺砌。上楞跟线以保证路面的平整，其缝宽不应大于 6mm，并用木锤将预制混凝土块敲实。不得采用向底部填塞砂浆或支垫砖块的找平方法。

3）灌缝：其缝隙应用细干砂填充，以保证路面的整体性。

4）养护：一般养护 3～5d，养护期间严禁开车重压。

（四）铺筑乱石路面的操作工艺

1. 乱石路面的材料要求和构造层次

乱石路面是用不整齐的拳头石和方片石铺层材料，一般为煤碴、灰土、石砂、石碴。

2. 摊铺垫层

在基层上，按设计规定的垫层厚度均匀摊铺砂或煤碴或灰土，经压实后便可铺排面层块石。

3. 找规矩、设标筋

铺砌前，应先沿路边样桩及设计标高，定出道路中心线和边线控制桩，再根据路面和路的拱度和横断面的形状要求，在纵横向间距 2m 左右见方设置标筋石块，然后按线铺砌面石。

4. 铺砌石块

铺砌一般从路的一端开始，在路面的全宽上同时进行。铺时，先选用较大的块石铺在路边缘上，再挑选适当尺寸的石块铺砌中间部分，要纵向往前铺砌。路边块石的铺砌进度，可以适当比路中块石铺砌进度超前 5～10m。铺砌块石的操作方法有顺铺法和逆铺法两种：顺铺法是人蹲在已铺砌好的块石面上，面向垫层边铺边前进，此种铺法，较难保证路面的横向拱度和纵向平整度，且取石操作不方便，逆铺法是人蹲在垫层上，面向已铺砌好的路面边铺边后退，此法较容易保证路面的铺砌质量。要求砌排的块石，应将小头朝下，平整面，大面朝上，块石之间必须嵌紧，错缝，表面平整、稳固适用。

5. 嵌缝压实

铺砌石块时除用手锤敲打铺实铺平路面外，还需在块石铺砌完毕后，嵌缝压实。铺砌拳石路面，第一次用石碴填缝、夯打，第二次用石屑嵌缝，小型压路机压实。方头片石路面用煤碴屑嵌缝，先用夯打，后用轻型压路机压实。

6. 养护

乱石路面铺完后养护 3d，在此期间不得开放交通。

（五）应预控的质量问题和质量标准

1. 应控制的质量问题

（1）地面标高错误

地面标高的错误大多出现在厕所、盥洗室、浴室等处。主要原因是：楼板上皮标高超高；防水层或找平层过厚。

预防措施：在施工时应对楼层标高认真核对，防止超高，并应严格控制每遍构造层的厚度，防止超高。

（2）地面不平、出现小的凹凸

造成此问题的原因：砖的厚度不一致，没有严格挑选或砖面不平，或铺贴时没有敲平、敲实，或上人太多养护不利。

解决方法：首先要选好砖，不合规格、不标准的砖一定不能用。铺贴时要砸实，铺好地面后封闭入口，常温 48h 锯末养护后方可上人操作。

（3）空鼓

面层空鼓的主要原因是基层清理不净，浇水不透，早期脱水所致；另一原因上人过早，粘结砂浆未达强度而受到外力振动，使块材与粘结层脱离空鼓。

解决办法：加强清理及施工前基层的检查，注意控制上人施工的时间，加强养护。

（4）黑边

原因是不足整块时，不切割半砖或用小条铺贴而采用砂浆修补，形成黑边影响观感。

解决办法：按规矩进行砖块的切割铺贴，砖块切割尺寸按实量尺寸。

（5）路面混凝土板块松动

造成原因：砂浆干燥、影响粘结度，夏季施工浇水养护不足、早期脱水。

解决办法：铺设时应边铺砂边码砌边砸实，砂浆铺面不宜过大，阻止砂浆在未铺砌砖时已干燥，夏期施工必须浇水养护 3d，养护期内严禁车辆滚压和堆物。

2. 质量标准

（1）面层所用板块的品种、质量必须符合设计要求；面层与基层的结合（粘结）必须牢固、无空鼓（脱胶）。

普通砖、水泥砖、缸砖地面的允许偏差（mm）　　表 9-1

项次	项目	水泥花砖	缸砖、大小泥砖	普通砖		检验方法
				砂垫层	水泥砂垫层	
1	表面平整度	3	4	8	6	用 2m 靠尺及楔形塞尺检查
2	缝格平直	3	3	8	8	拉 5m 线,不足 5m 拉通线和尺量检查
3	接缝高低差	0.5	1.5	1.5	1.5	尺量及楔形塞尺检查
4	板块间隙宽度不大于	2	2	5	5	尺量检查

（2）允许偏差项目

普通砖、水泥砖、缸砖地面的允许偏差见表 9-1。

预制混凝土大块板和水泥方格砖路面允许偏差见表 9-2。

预制混凝土大块板和水泥方格砖路面允许偏差　　表 9-2

项目	允许偏差（mm）	检 查 方 法
横坡	0.2/100	用坡度尺检查
表面平整度	7	用 2m 靠尺和楔形塞尺检查
接缝高低差	2	用直尺和楔形塞尺检查

十、墙体改革的途径与方向

墙体材料改革与建筑节能是为了贯彻保护不可再生的土地资源、节约能源、利用工业废渣保护环境三项基本国策。近年来，国家和地方相继了出台了一系列墙体改革政策和法规，进一步推动墙体改革工作的深入发展。

（一）墙体改革的必要性

烧结黏土砖在我国已经有几千年的历史，目前我国大多数自建房屋仍以它作为墙体的主要材料。由此说明我国的建筑业仍处于比较落后的状态，从某种意义上说，它束缚了我国建筑业的发展。因此墙体改革的步伐必须加快，重点是必须改变大规模用黏土烧结砖的状况。

墙体改革应从改革传统烧结黏土砖入手，主要的理由是：

（1）烧结黏土砖大量占用农田，这对我国人多地少的状况来说很不利，也给农业发展和生态环境带来不利影响。

（2）烧结黏土砖在施工中，劳动强度较大，由于体积小，须经过频繁操作才能完成一个单位体积量，工效低、产值少，工人还容易患腰肌劳损的职业病。

（3）烧结黏土砖单位体积的重量大，造成建筑物自重大，限制了房屋向高空发展，增加了基础荷载和造价。

（4）烧结黏土砖制作时能耗大，而砖体为实心砖时导热系数大，造成房屋的保温性能差。

（二）墙　　板

在不同的建筑体系中，采用各种预制墙板，是提高设计标准化、施工机械化和构件装配化水平的有效途径，也是墙体材料改革的重要内容。

按墙板的功能不同，可分为外墙板、内墙板和隔墙板三大类，采用的品种因建筑体系而异。按墙板的规格，可分为大型墙板、条板拼装大板和小张的轻型板。按墙板的结构，可分为实心板、空心板和复合墙板等。

1. 大型墙板

在装配式大板建筑中，多采用一间一块的内、外墙板，隔墙板。在内膜外挂建筑中，采用一间一块的外墙板。几种装配式大型墙板的类型规格，见表 10-1 所示。

几种装配式大型墙板的类型　　　　　表 10-1

墙板类型	材料	混凝土强度等级	规格	用途
普通混凝土墙板	水泥、砂、石	＞C15	一间一块，厚 140mm	承重内墙板
混凝土空心墙板	水泥、砂、石（或矿渣）	C20	一间一块，厚 150mm，抽 φ114 孔；厚 140mm，抽 φ89 孔	内、外墙板
粉煤灰硅酸盐墙板	胶结料：粉煤灰、生石灰粉、石膏	C15	一间一块，厚 140mm	承重内墙板
	骨料：硬矿渣、膨胀矿渣	C10	一间一块，厚 240mm	自承重外墙板
加气混凝土夹层墙板（复合材料墙板）	结构层：普通混凝土	C20	厚 100、125mm	自承重外墙板（一间一块）
	保温层：加气混凝土	B03 级	厚 125mm	
	面层：细石混凝土	C15	厚 25、30mm	
轻骨料混凝土墙板	水泥、膨胀矿渣珠	＞C7.5	一间一块，厚 280mm	自承重外墙板
	水泥、膨胀珍珠岩、页岩陶粒	C7.5～C10	一间一块，厚 240mm	自承重外墙板
		C15	一间一块，厚 160mm	自承重内墙板
	水泥、粉煤灰陶粒	C10	一间一块，厚 200mm	自承重外墙板

2. 蒸压加气混凝土墙板

蒸压加气混凝土墙板，为配筋的条形可拼装板，多用于框架轻板建筑体系。

（1）产品规格

蒸压加气混凝墙板，有竖向外墙板、横向外墙板和隔墙板三类。墙板的一般规格见表 10-2 所示，其外形及尺寸符号，如图 10-1、图 10-2 和图 10-3 所示。

蒸压加气混凝土墙板的一般规格   表 10-2

品种	代号	产品标志尺寸(mm)			产品制作尺寸(mm)			槽	
		长度 L	宽度 B	厚度 D	长度 L_1	宽度 B_1	厚度 D_1	高度 h	宽度 d
外墙板	JQB	1500~6000	500 600	150 175 180 200 240 250	竖向:L 横向: $L-20$	$B-2$	D	30	30
隔墙板	JGB	按设计要求	500 600	75 100 120	按设计要求	$B-2$	D	—	—

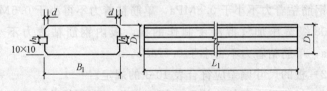

图 10-1   竖向外墙板外形示意图

（2）技术要求

1）制板材料的基本性能，蒸压加气混凝土应符合《蒸压加气混凝土砌块》GB/T 11968—97 的性能要求；所用钢筋应符合

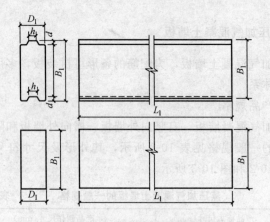

图 10-2　横向外墙板外形示意图

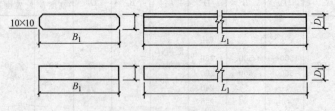

图 10-3　隔墙板外形示意图

《钢筋混凝土用热轧光圆钢筋》GB 13031—91 的规定。钢筋涂层的防腐蚀能力不小于 8 级。05、06 级蒸压加气混凝土制作的板，板内钢筋粘着力不小于 0.8MPa，单筋粘着力不得小于 0.5MPa；07、08 级蒸压加气混凝土制作的板，板内钢筋粘着力不小于 1MPa，单筋粘着力不得小于 0.5MPa。

2）板的尺寸偏差应符合表 10-3 的规定。

3）板不得有露筋、掉角、侧面损伤、大面损伤、端部掉头等缺陷。优等品、一等品板不得有裂缝；合格品板，不得有贯穿裂缝，其他裂缝不得多于 3 条。

蒸压加气混凝土墙板，按 GB 15762—1995 规定的试验方法和规则进行检验。

加气混凝土墙板的容许尺寸偏差　　　　表 10-3

项　目		基本尺寸	容许偏差(mm)		
			优等品	一等品	合格品
外形尺寸	长度	按制作尺寸	±4	±5	±7
	宽度	按制作尺寸	+2，−4	+2，−5	+2，−6
	厚度	按制作尺寸	±3	±3	±4
	槽	按制作尺寸	−0，+5	−0，+5	−0，+5
侧向弯曲		—	$L_1/1000$	$L_1/1000$	$L_1/750$
对角线差		—	$L_1/600$	$L_1/600$	$L_1/500$
表面平整		—	5	5	5
钢筋保护层	主筋	20	+5，−10	+5，−10	+5，−10
	端部	0～15	—	—	—

3. 复合墙板

将两种或两种以上不同功能的材料组合而成的墙板，称为复合墙板。其优点在于，充分发挥所用材料各自的特长，减少墙体自重和厚度，提高使用功能。复合墙板，主要用于外墙和分户墙，有承重和非承重之分。

复合外墙板，一般由外层、中间层和内层组成。内层为饰面层，外层为防水和装饰层，中间夹层为保温、隔声层。内外层之间，多用龙骨或板肋联结。墙板的承重层，可设在板的内侧或外侧，单纯承重的结构复合墙板，靠面层承重。如加气混凝土夹层外墙板、混凝土保温材料夹心外墙板、钢丝网水泥复合外墙板、粉煤灰陶粒无砂大孔混凝土复合外墙板等，都是已采用的品种。

非承重的轻型复合墙板品种，正在日益增多。其中多用成品平板作面层，保温材料作夹心，如各种复合石膏板、压型钢板复合板、木丝石棉水泥板复合板等；也有的以胶凝材料和增强材料为面层、保温材料作夹心，如玻璃纤维增强水泥聚苯板，菱苦土玻纤膨胀珍珠岩夹心复合板、钢丝网架水泥聚苯乙烯夹心板等。

4. 改革砌体结构的材料

砌体结构材料的发展方向是高强、轻质、大块、节能、利废、经济。由此，我国建材工业积极发展，开发了较多的新型砌体材料，并在应用中取得了一定的经济效益和社会效益。

目前在利用工业废料方面，发展和生产了粉煤灰砌块和加气轻质粉煤灰砌块；在煤炭工业方面利用煤矸石磨细制作烧结砖及砌块；其他还有蒸压加气混凝土砌块、轻型石膏板砌块等，为砌体结构增添了新的内容，为提高施工生产效率、节约能耗、减轻劳动强度，提供了有利条件。

5. 积极推广砌块建筑

砌块建筑尤其是较大型的砌块建筑，在我国 20 世纪 70 年代已经发展并使用。砌块建筑对改变用黏土砖建造住宅、办公楼及小型公共建筑是很好的途径。从提高社会、经济效益和节能、利废的原则出发，发展砌块建筑是墙体改革的一个方向。

6. 完善工业化建筑体系

实现建筑工业化，形成各种新的建筑体系，是墙体改革的根本途径，也是砖石工程向新技术、新工艺方向发展的必由之路。

（1）大模板建筑体系

1）内浇外砌形式：外墙用砖砌筑，内墙为现浇混凝土墙板，砖与混凝土墙板交接处砌成大锯齿槎咬合。

2）外挂内浇形式：外墙用预制好的轻质墙板（可以用陶粒混凝土，也可用轻质材复合板），经机械吊装安装好后，内墙用大模板支模浇灌混凝土墙板。

3）内外墙均用大模板支模，然后浇灌混凝土。这种形式整体性好，开间比较灵活，还可以做成大开间的房间，便于室内使用功能的调整。

（2）大板建筑体系：这种体系主要是把墙板全部进行工厂或

工地预制加工，设计和制作时按平面布置图编号。它的优点是可以提高机械化水平，通过机械吊装、拼装，然后在节点处浇灌混凝土。该体系适用于住宅、办公用房等多层建筑。该体系施工工地的工作量可以减少、施工速度快、工期短，且不受季节的影响。但这种体系成本相对较高、用钢量大、预制成的墙板需用大型机械设备运输和吊装。

（3）轻板框架体系：轻板框架体系和大模板体系几乎是同时发展起来的，这种体系的优点是质轻、内墙布置比较灵活。在框架形成后，内外墙均可用轻质材料建造。比如内墙可以用石膏板隔断、碳化板隔断、家具式隔断等，也可以根据用户的要求灵活变化。

建筑业是国民经济中的一个重要产业部门，因此，应加快建筑体系工业化的发展，研究改革砌筑材料和施工工艺，逐步用新体系、新工艺、新技术代替劳动强度大、生产效率低的传统工艺。

十一、古建筑的构造和砖瓦工艺

中国古代建筑在世界建筑中独具一格自成体系。几千年来以其独特的构造，壮观美丽的外形享誉于世界。作为千年文明古国的一员，我们砌筑工应当了解中国古建筑。

（一）古建筑构造一般知识

中国古建筑的构造，大致分为两类：一类是以木结构为骨架、以砖砌围护和隔断墙形成房屋的木构架建筑。另一类是砖石建筑，采用砖拱形成屋盖及空间，墙体承重，此类建筑比较粗壮，显得笨重。

在这里，我们主要介绍木构架建筑。该建筑主要由台基、木构架、墙体、屋盖、装修和彩色等几部分组成。

1. 台基和台明

台基是房屋建筑的基础，露出自然地坪的部分称之为台明。台明也是中国古建筑中的一个特征。

台基的构造是四面为砖墙（或条石），里面填土，上面墁方砖的一个台座。台基外部四面墙之内，安装柱子的部位用砖砌礤墩。礤墩是柱子下用砖砌的基础，柱子安放在礤墩上头的柱顶石上。礤墩与礤墩之间，按开间（面阔）或进深砌成的同礤墩一样高的砖墙，称为拦土，如图 11-1 所示。

台明须有台阶，此台阶石古称踏跺。踏跺中最下面的一级，稍稍露出地面与土衬平的一块石称为砚窝石。踏跺两边的坡石称为垂带石。

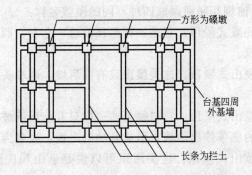

方形为磉墩

台基四周
外基墙

长条为拦土

图 11-1　台基地下部分平面示意图

2. 墙体

在工程中属于砖瓦工艺的。在古时称为"瓦作"的，就是砌筑墙体和屋盖上苫脊和瓦。墙体在木构架类的建筑中主要起围护和分隔作用。在一座古建筑中，各部分墙壁的名称，多依柱子的地位而定。一般可分为山墙、檐墙、槛墙、廊墙、夹山墙和院墙等。

由于外形、艺术形式等不同又有：看面墙、花墙、云墙、罗汉墙、八字墙、影壁墙等；由于功能不同而分为：拦土墙、迎水墙、护身墙、夹壁墙、女儿墙、月墙、城墙、金刚墙等。

在墙身本身上，由于位置及厚度不同在砌筑中其名称也不同。如山墙部位墙身上部称上身，下部称下碱。下碱要求材料好，相当于现代建筑中的墙裙或高勒脚。它的高度一般为檐柱高度的 1/3。内墙部分其下部厚出的部分称为裙肩。其高度也为檐柱高度的 1/3。

3. 屋盖（屋顶结构）

屋盖包括屋顶的木结构和铺设的防水层和瓦屋面。古建筑的屋盖往往由于木构架的造型不同而有所区别。最常见的有四种类型，这四种木构架形式成为四种屋盖造型不同的架子，在这些

"架子"上铺筑瓦屋面做成四种不同的屋盖名称：

（1）庑殿式屋顶：它是一种屋顶前后、左右、四面都有斜坡落水的建筑。

（2）硬山式屋顶：这类屋顶只有前后坡，两端头是山墙封头的房屋。

（3）悬山式屋顶：它与硬山式一样只有前后两坡，所不同的是木架中的檩条伸出山墙，形成悬挑的出檐，故名为悬山顶。

（4）歇山式屋顶：这类屋顶可以说是悬山和庑殿相结合的形式。

这四类屋顶的形状如图 11-2 所示。

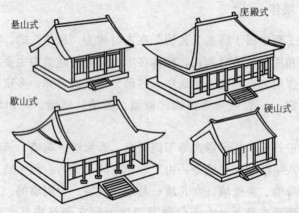

图 11-2　古建筑屋顶形式

在屋顶上铺瓦，在形式上也分为两大类。一类称为大式，一类称为小式。

大式屋顶瓦作的特点是用筒瓦骑缝，脊上有特殊的脊瓦，如吻、兽等，材料用筒瓦或琉璃瓦。主要适合大的宫廷、殿宇的建筑屋顶。

小式屋顶瓦作就没有吻、兽等装饰，屋面多用青瓦，主要用在民居屋顶。

脊，也是古建筑屋顶的特色之一。大式瓦作的屋面筑脊有正脊、垂脊之分，小式瓦作只有正脊。

（二）古建筑中瓦作部分的具体构造要求

1. 台基和台明

台基的大小表现在台明部分，因此建筑物的稳定和艺术造型都与台基、台明有密切关系。台基、台明的各部分尺寸，在古建筑中规定了具体要求。

（1）磉墩：平面为方形，其大小以柱顶石为准。大式瓦作以柱顶石每边加 2 寸（约 66mm）见方而定，小式瓦作以柱顶石每边加 1.5 寸（约 49mm）见方而定。磉墩的高度是砌到柱顶石底为止，低于台明面，如图 11-3 所示。

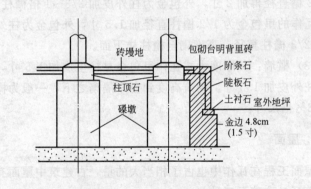

图 11-3　磉墩砌筑高度

（2）拦土：拦土的砌筑高度同磉墩，宽度与磉墩一样。它与磉墩的连接以通缝相接，一般不咬槎。

（3）台明露出室外地坪的高度：普通台明时，大式瓦作为 1/5 檐柱的高度，小式瓦作为 1/5～1/7 檐柱高度；须弥座式台明（仅大式瓦作有）高度为檐柱的 1/5～1/4。

（4）台明出檐柱的宽度：称为下檐出，大式瓦作其尺寸为从檐柱中心向外出 2/10～3/10 的檐柱高度；小式瓦作为外出 2/10

195

的檐柱高度。

2. 墙体

（1）山墙：厚度（即下碱厚度）一般为其墙外皮至柱外皮加一个柱直径，其墙里皮与柱子里皮在同一直线上。当大式瓦作的山墙把柱子全包起来，则外墙皮称为外包金。其尺寸为柱中心到墙外边线为 1.5～1.8 倍山墙柱的直径；内墙皮要从柱中心到里墙内边线为 0.5 倍山墙直径加 2 寸称为里包金，把柱包在中间。当小式瓦作时，外包金取 1.5 倍山墙柱直径，里包金为 0.5 倍山墙柱直径加 1.5 寸。中间部分可砌到屋脊下，两端部砌到檐头下。有的山墙厚度到上身墙时要收小。

（2）檐墙：主要是后檐墙，其厚度下碱部分大式瓦作里包金为 1/2 檐直径再加 2 寸，外包金为柱外皮加 2/3～1 倍檐柱直径；小式瓦作的里包金为 1/2 檐柱直径加 1.5 寸，外包金为柱外皮加 1/2～2/3 檐柱直径。高度砌至檐柱枋下面。

（3）槛墙：其厚度大式瓦作里包金是柱里皮加 1.5 寸，外包金为柱外皮加 1.5 寸。砌筑高度到窗户隔扇之下，一般为檐柱直径的 3⅔ 倍尺寸。

3. 屋面

屋面工程在瓦作中也占了相当大的量，古建筑中屋面有小青瓦、筒瓦、琉璃瓦三种。

（三）古建筑中的砖瓦材料及工具

1. 砖的种类

古式建筑中所用的砖，它们的种类较多。不同的建筑等级、不同的建筑形式，所选用的砖也不相同。可考查的是清代的产品，其砖的规格如表 11-1 所示。

砖 名 称	规 格 尺 寸		使 用 部 位
	清制尺寸(尺)	近代现代尺寸(mm)	
停泥城砖	1.45×0.72×0.36	480×240×120	城墙、下碱、(干摆砖、丝缝砖)
大城样	1.4×0.7×0.36	464×234×120	基础、下碱、(干摆、混水墙)
二城样	1.25×0.62×0.26	416×208×87	基础、下碱、(干摆、混水墙)
大停泥	1.23×0.63×0.24	410×210×80	大、小式墙身的干摆砖、丝缝砖
小停泥	0.9×0.43×0.21	295×145×70	小式墙身的干摆砖、丝缝砖
大开条	0.87×0.43×0.2	288×145×64	淌白墙、檐料
小开条	0.76×0.38×0.15	256×128×51	淌白墙、檐料
方砖	2×2×0.3	640×640×96	墁地
方砖	1.7×1.7×0.18	570×570×60	墁地
望砖	0.65×0.32×0.06	210×100×20	铺屋面在椽子上用

2. 瓦的种类

古建筑中用的瓦大致分为三类。一般民居采用小青瓦；较大建筑有些档次的宅第，常采用筒瓦屋面；宫殿建筑和豪华建筑则大多采用琉璃瓦屋面。

（1）小青瓦：用黏土制型烘烧而成，无釉，故称青瓦。

（2）筒瓦（无釉青瓦）：筒瓦也是用黏土烧制成的无釉青黑色瓦块。它分板瓦、盖瓦、滴水、勾头四种。

1）板瓦：亦称底瓦，铺时凹面朝上。

2）盖瓦：横断面为半圆形，铺时扣盖在板瓦上。

3）滴水：是板瓦一端带向下垂的云纹瓦块，以便瓦垄中的雨水顺该处下滴。它铺在底瓦最下面的檐头之上。尺寸同板瓦。

4）勾头：是檐口处第一块盖瓦，它是在端头上有一块圆形的图案，勾挡住瓦头，称为勾头。其尺寸与盖瓦相同。

（3）琉璃瓦：琉璃瓦是我国陶瓷宝库中的古老珍品之一。它色彩绚丽、质坚耐久、造型多样。琉璃瓦的釉色有多种，以黄、绿两种最常用。它的种类繁多，其尺寸分为"两样"、"三样"一直到"九样"，不同"样"的高、长、宽的尺寸是不相同的。

3. 灰浆的种类及配制

灰浆相当于现在建筑中应用的砂浆，它也是用于砌砖和筑瓦。古建筑的灰浆其基本材料是石灰，由它经与其他材料配合组成各种灰浆。其种类有泼灰、青浆、泼浆灰、老浆灰、大麻刀灰、小麻刀灰、麻刀灰、素灰、纸筋灰、砖药、白灰浆、江米浆等等，二十多种类。

4. 砌筑工所用的工具

在古建筑砌筑中除常用的瓦刀、泥桶、锤等工具之外，还要根据其所进行的工艺不同配备其他相应的工具。其特殊工艺配备的工具简单介绍如下：

（1）砍砖工艺的工具

斧子、刨子、錾子、瓦刀、刨锛、兜方尺、包灰尺、短尺、砖桌等。

（2）砖细、砖雕工艺的工具

刨、锯、锤、斧、凿、尺及其他工具等。

（四）古建筑中墙体的组砌形式

在古建筑墙体中，砖的组砌方法一般有三种：

1. 满丁满条十字缝砌法

这种组砌方法和现在砌墙的组砌方式中一顺一丁方法一样，先砌一皮顺砖，再砌一皮丁砖，上下错缝 1/4 砖。

2. 一顺一丁（沙包式）砌法

这种组砌方法是在同一皮砖中，砌一块顺砖，接着砌一块丁砖。丁砖隔开一皮砖对准，错缝 1/4 砖，如图 11-4 所示。

3. 三顺一丁砌法

这种砌法又称"三七"缝，即在同一皮砖中砌三块顺砖再砌一块丁砖。由于在相邻两皮的顺砖错缝时近乎 3：7 的比例，故称"三七"缝，组砌形式如图 11-5 所示。

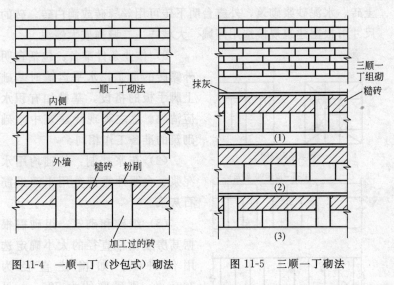

图 11-4　一顺一丁（沙包式）砌法

图 11-5　三顺一丁砌法

（五）台基的砌筑工艺

1. 工艺流程

准备工作→拌制灰浆→确定组砌方法→半排砖揲底→砌磉墩→砌拦土→检查校核→放柱顶石。

2. 操作要点

（1）准备工作

1）台基砌筑应先了解施工图纸和柱子的位置。检查放线的准确性，即柱中心线。确定磉墩（柱基）和拦土（墙基）的位置。同时要确定砌筑高度，应根据水平标高确定柱顶石的顶面高度，根据柱顶石的大小反算下去得出磉墩高度。

2）材料准备：砖如用过去的砖（即修缮），可用大城祥、二城祥的砖；如现代新建古式建筑则完全可以用普通黏土砖。但台明外露部分则应用停城以达到古式建筑的效果。内部墙基可用黏土砖、水泥砂浆砌筑，外露台明下砖可用丝缝砖或淌白砖。砖的尺寸可根据建筑规模选用停城、大城祥、二城祥或大停泥。

3）作业条件准备：包括台明外露砖的加工，水平运输时基础上脚手板的搭设，基槽如有积水应清除。总之和现代建筑中基础砌筑的准备工作相同。

（2）灰浆拌制：基础均用水泥浆、台明外露部分用水泥纸筋石灰浆。

（3）组砌和砌筑：组砌需根据其房屋檐柱直径的大小确定选用何种砖。如檐柱直径为300mm，则磉墩约为720mm见方，则可以采用大城祥或二城祥加工砌筑。其组砌方法如图11-6所示。拦土宽约650mm，也可用大城祥或二城祥切组砌。砌筑用披灰法，但磉墩和拦土不接槎。

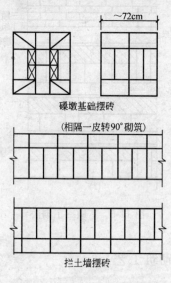

图 11-6　磉墩和拦土的组砌

3. 质量要求

（1）砖应烧制得火候充足，不能欠火，避免造成砖的强度不足和砖在地下受潮湿的长期侵蚀而粉酥。如用现代黏土砖，砖的强度等级应不低于 MU7.5。

（2）使用的灰浆应符合要求，配合比要准确，稠度合适。使用普通砖砌筑时应采用不低于 M5 的水泥砂浆。

（3）组砌必须符合要求，礤墩内不得填放碎砖、乱砖。

（4）礤墩、拦土的轴线偏差应在±10mm以内。

（5）礤墩、拦土的水平标高偏差应在±10mm以内。

（6）柱顶石表面平面度应控制在3mm以内，以十字交叉线检查两个方向。

4. 应注意的质量问题

（1）柱墩位置偏差：主要应在施工前进行准确的复核。

（2）台基标高不一致，上平面的柱墩、基墙不在一个水平面上：主要原因是对垫层的复核不准确。该质量问题应以预防为主，砌筑时应经常检查各柱墩的标高。因为假如古建筑中各标高不在同一水平面上，对以后的木构架将造成质量问题，使房屋发生结构联结的不合榫等问题，导致结构失稳。

（3）柱顶石放置不平：主要原因是礤墩上部不平造成柱顶石放不平，或柱顶石灰浆填得不平。防止的办法是砌礤墩时应经常用铁水平检查，防止倾斜。填灰浆时应填得均匀、薄些，易于平稳。

（六）墙身的砌筑工艺

1. 工艺流程

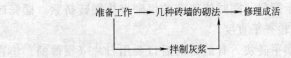

2. 操作要点

（1）准备工作

1）施工准备：检查基础轴线是否准确，并在木构架的柱边立皮数杆。检查基础上平是否水平，如有偏差，应用灰浆抹平。

尤其干摆砖墙的平整更为重要。

2）材料准备：砖已经加工好，并已运到现场，运输和堆放时应注意轻拿轻放，特别应防止损伤砖楞角。

3）工具准备：除瓦刀外，还应准备抹子、鸭嘴、磨头、方尺、平尺、线锤、弦线等。

4）操作准备：是否已搭好脚手架，运输道路要通畅。回填土均应完成并夯实，还应有拌制灰浆的地方。

（2）拌制灰浆：根据砌筑方式确定灰浆拌制时间。如干摆砖、丝缝砖的砌筑灰浆不应过早准备；如为淌白砖，因砖下必须铺灰，可以事先准备一部分灰浆。还应根据图纸要求确定是用桃花浆还是用江米浆，丝缝砖则用青灰浆，不能用错。

（3）干摆砖的砌筑：干摆砌法即闻名于世的"磨砖对缝"砌法。干摆砖墙须用已加工的干摆砖，砌筑时应检查一下砖的棱角是否完好，并应配备专门人员打截料，即对墙体要求的特殊砖进行截断、磨光、砍削、配置等。砌筑时，由于古建筑的墙身较厚，往往是外露的内外面干摆而中间则填心砌筑。其砌筑过程为：

1）在墙两端先"拽线"，即拴两道立线，外侧墙拴两道横线。立线控制墙的垂直度，横线控制墙的水平。两道横线中上面一道叫罩线，下面一道叫卧线。可控制干摆砖的上下棱。

2）砌第一皮砖时应先检查一下基础是否水平，如有偏差应先用灰浆找平。

3）开始干摆砖，摆时按确定的组砌方法摆砖挤紧。摆完砖后用平尺逐块检查平直度。

4）为了摆平砖块，有的砖的后口要用石片（很薄的）垫在砖下。

5）在外墙皮的中间，然后用一般未加工的砖砌中间，名为"填馅"。"填馅"后检查干摆砖的上楞是否平直，如有不平要用磨头将高出的部分磨去。

6）每皮砖砌完之后要灌浆。一般用桃花浆灌注，浆分三次灌，第一次和第三次要稀浆；第二次稍稠些；第三次是找补性的灌（俗称"点落窝"）。应特别注意灌浆不要过量，否则会把干摆好的砖撑开反而不好。第三次"点落窝"结束后要用刮灰板把浮在砖上的灰浆刮去，然后用大麻刀灰把灌过浆的地方封抹（俗称"抹线"），以防止再砌上一皮砖灌浆时，浆流下去把下皮干摆砖墙撑开。以后再砌上面的每皮砖，就不要"打站尺"，线也只要罩线，做到砌时上跟线下跟楞，砌平砌直即可。

7）修正：干摆砖墙砌完一段后，要进行墙面修正。它包括墁干活、打点、墁水活和冲水。墁干活是用磨头将砖与砖交接处高出的部分磨平。打点是用砖花把砖的残缺部分和砖上的砂眼补抹平整。墁水活是用磨头蘸水后把墁干活的地方和打点过的地方轻轻再进行磨平。冲水是用清水把整个墙面冲洗干净，使干摆砖墙干净美观。

这七个工序都是精工细作地进行，不能像现在砌砖那么快速。

（4）丝缝砖墙的砌筑：丝缝墙应用丝缝砖砌筑，其砌法和干摆砖相似。不同的是丝缝砖的加工不如干摆砖那么细致，所以砌时外露墙面的砖缝要挂一些青灰浆。砌完后用平尺检查，用竹篾片"耕缝"，使耕出前缝横平竖直、深浅一致，如丝缝一样，最后不用冲水。

（5）淌白砖墙的砌筑：砌淌白砖卧缝一般均要铺灰，灰缝控制在 2～4mm。

3. 质量要求

（1）砖块加工尺寸必须符合要求。

（2）墙面摆砖无"破活"。

（3）灰浆配合比准确，使用种类合适。

（4）墙面外观无缺楞掉角的缺陷和打点过多的现象。为墁活无痕迹。

（5）用 2m 托线板检查垂直平整度。

干摆砖偏差不大于 1mm；丝缝砖偏差不大于 1.5mm；淌白砖偏差不大于 3mm。

4. 应注意的质量问题

（1）加工好的砖应保管好，在运输中应轻拿轻放，防止砖楞角碰破造成砌后墙面难看，还要进行修正。

（2）立线拴得不竖造成水平缝不直，这必须经常用眼穿看挂的水平线，并用平尺勤检查。

（3）砌筑前的摆砖很重要，防止墙面出现"破活"。通过摆砖进行砖的加工和打截料。

（4）灌浆时必须防止过快过急，灰浆的稀稠程序必须由有经验的师傅掌握。防止撑开已砌的墙面。

（5）一定要注意"抹线"这道工序，防止遗漏造成灌浆下流，撑开已经砌好的墙面。

5. 安全注意事项

安全上的注意事项与现代砌砖墙一样。应注意的是脚手架不能搭支在木构架上，以防止木构架移动，防止造成架子偏斜影响施工安全。由于原形砖较大，脚手架上的堆料应注意控制在每平方米 3kN 以内。

（七）屋面瓦的施工

古建筑瓦屋面的施工与前面介绍的小青瓦屋面的施工相仿，在此不作赘述。

（八）砖细工艺

砖细是古建筑中砖的装饰工艺，在江南园林建筑中较为多见。古时属于瓦作（江南亦称水作）手艺。

所谓砖细，就是将砖（主要是方砖）经过刨、锯、磨的精工细作后，用它来作为墙面、门口、勒脚等处的装饰，如同现代的大理石、磨光花岗石等饰面一样。它在江南大致分为：砖细望砖、砖细抛方台口、墙面、勒脚、砖细镶边月洞、门窗套、半墙坐槛、砖细漏窗等。

这里主要介绍目前还常做的砖细墙面和勒脚。

1. 砖细工艺流程

施工准备→砖料加工→墙面砌筑→修整清理。

2. 操作要点

（1）施工准备：主要是材料准备和施工前准备。

材料准备主要是根据墙面大小准备方砖，把砖进行干燥。方法是搭棚防雨、架空风干。在干砖中选砖，砖要求色泽均匀、无明显色差、边角整齐、表面细腻、无砂眼及粗粒。准备砌砖时勾挂的木勺。准备油灰，作为砖缝的粘结和防雨。

施工准备主要是按图纸上需做墙面的大小（该种墙面称为照墙或照壁）进行定位。量出高低、宽窄，最好绘制有比例的翻样图。根据图纸去掉镶边算出砖的块数和选用砖的大小。下达砖加工计划和任务书。

还需准备施工脚手架、操作工具等。

（2）砖料加工：砖照壁墙面一般有正方、斜方、六角、八角的铺砌。

因此加工时应根据加工图要求尺寸进行。一般加工工作在作业场内进行。加工程序大致为粗刨→细刨→磨光→找方→锯刨边→磨平缝→背后开槽做勺口。另外做镶边的还得断料、线脚刨、磨光、刨边磨光等。

砖加工时，操作人先用眼将砖侧过来察看，发现面上高出部位先用粗刨把高处刨去再观察，如基本平整，则用刨子细刨，然后用平尺检查平整，进行找方或切锯角（六角或八角的），再磨

205

四边，最后对砖面、砖边磨光细作。检查尺寸偏差，不得超过
±0.5mm。

（3）墙面（照壁）砌筑

1）外部砖细照壁必须和内部粗砖墙同时砌筑。一般砖照壁
在墙高 1/3 以上开始出现，同时照壁部分两边的墙一般都先砌起
一定高度。砌时应先立好皮数杆（这种皮数杆与普通砖皮数杆不
同）。

2）先把与照壁与粗砖墙相接的镶边砌好、挤紧。后量查照
壁两头镶边间的尺寸，再进行砖细的排砖，其尺寸允许偏差不大
于±1mm。

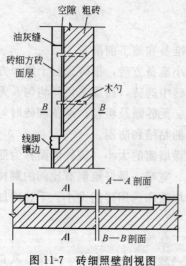

图 11-7　砖细照壁剖视图

3）照壁底座的墙面必须找平找直，才能坐砌底镶边底摆砖。坐底要用 1～2mm 厚的油灰。

4）砌时要拉水平线，线要拉紧，使砖细砖上棱跟线，砖的侧面要披泊灰，两砖挤紧，缝小于1mm。砖背离粗砖墙约8～10mm，以避免粗砖墙拱出而影响砖照壁面的平整，如图11-7所示。砖缝挤油灰是为防雨水渗入墙面。

5）排砌好第一皮砖细立砌
后，在后面槽内安上木勺并砌入粗砖墙内拉结牢固。砌好后用平
尺检查砖面的垂直平整度。

6）按第一皮砌法，再在两边镶边砌第二皮，依此类推。砌
三块砖高一般可用托线板检查垂直平整度。砌到照壁顶后再砌顶
镶边。镶边上再做磨砖压住或有檐头装饰。

（4）修整清理：全部砖细照壁墙面砌完后，应进行全面检
查。对砂眼、缝道处，用砖药补磨和对缝，再将油灰用竹篾补

嵌，达到美观，然后用水清洗到底交活。

砖细勒脚比照壁简单，操作过程基本相同，只是在转角处的砖要错头搭接，在竖缝中用油灰密缝。

3. 质量要求

（1）品种、规格和图案必须符合设计图纸要求。

（2）颜色均匀，不得有裂纹、缺楞、掉角等缺陷。

（3）油灰嵌缝必须密实，不得有瞎缝（空缝）。

（4）砖加工后砌筑前还应选砖及检查，半成品表面必须平整、手感光滑、不得翘曲。砂眼直径应不大于 3mm。

（5）砖细工程允许偏差见表 11-2。

砖细工程允许偏差　　　　　　　　表 11-2

项次	项　目	允许偏差（mm）	检　查　方　法
1	方砖单块对角线方正	1	尺量检查
2	平面尺寸	0.5	用样棒检查
3	方砖缝格平直	3	用 5m 线拉直检查
4	油灰拼缝	1	尺量检查
5	各种线脚拼缝	0.5	查相近两块的缝
6	表面平整度	±2	用挂线板及楔形塞尺检查
7	表面垂直度	±2	用挂线板及楔形塞尺检查
8	阴阳角齐直	±2	用挂线板及楔形塞尺检查

4. 应注意的质量问题

（1）砖块的加工必须认真检查，尺寸要一致，后面勾槽要有楔口，如图 11-8 所示，表面平滑。

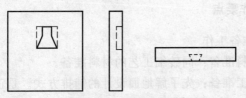

图 11-8　楔口形式

（2）坐底不平，造成上部不平、竖向不直，影响装饰美观。因此砌前应很好找平，并用铁水平衬平直尺检查。如不平可以用水泥砂浆找平。

（3）缝不直、不密实。操作时应拉线，并勤检查，确难跟线可用竹篾稍垫加油灰找直。缝不密实主要是油灰未披好，还有油灰质量差，油灰披上后掉落，因此必须选用好的新鲜油灰，并披好挤密砌筑。如还有空缝应在修整时用竹篾披灰嵌密实。

5. 安全操作要点

（1）搬动砖应小心，防止砸脚。

（2）雨雪天气上下脚手架应先清扫霜雪，施工时不应穿打滑的鞋。

（3）砌时要安好木勺后，砌牢才能把砖放开手，防止脱手下砸脚、砸伤下面的人。

（4）砖加工时要防止工具碰伤，如用电气机具应防止触电和机具伤害。

（九）方砖砖细墁地

古建筑的室内大多是砖墁地面，一般铺在灰土或素土夯实的垫层上。

1. 墁地工艺流程

准备工作→砖料加工→排砖试铺→正式铺筑→收尾。

2. 操作要点

（1）准备工作

1）材料准备：同砖细工艺的材料准备。

2）施工准备：先了解地面设计的铺排方式。是正方、斜方、六角、八角，还是用条砖的人字纹、十字缝、拐子锦。详见图

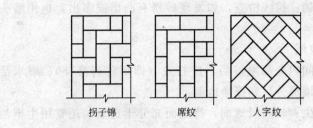

| 拐子锦 | 席纹 | 人字纹 |

图 11-9　铺地形式

11-9 所示。

其次是检查房间内垫层是否做好，表面是否足够平整。

再检查房间的四周交角是否成 90°，对角线尺寸是否一致，避免欠差（南方叫码了）。如发现不正，则应在边趟的砖加工时做出欠差的尺寸。

弹好砖面的四周标高线，在中间对准屋脊及墙面打出十字坐标线，使砖缝与房屋轴线平行。

计算砖的块数，筹划排砖，把好活留在明处，破活排到"暗处"，即非重要的边角处。

（2）砖料加工：同砖细工艺的砖料加工。

（3）排砖铺筑：

1）冲趟：根据计算筹划的设想，按标高线在房间长向左右各先摆一趟砖，称为冲趟。冲趟和墁地均用黄土石灰，比例 7：3，即拌好的"三七"灰土。冲趟时要按标高线检查上平及用托线板检查平直。铺时先虚铺灰土后放砖，并用木锤轻轻拍实。

2）中间的砖以两端冲趟的砖拉线铺筑。方法与现在铺大理石等相仿。铺完一趟检查一趟，达到平整。

3）揭趟：是将铺墩好的砖再揭下来，并逐块记号。然后在泥灰上泼洒石灰浆作为坐浆，并用毛笤帚蘸水把砖肋刷湿。

4）上缝：用竹片刀在砖的里口抹上泊灰，按编号在原位置把砖再墁墩好，并用木锤轻拍使浆坐实。

5）铲齿缝：即用竹片把面上多余的泊灰铲刮干净，并用磨头（砂轮石或泊石）把砖与砖之间的凸起部分磨平。

6）刹趟：拉线检查，如发现砖楞有凸出或多出，也用磨头磨平。

（4）收尾

1）房间内全部墁好后，应打点（即用砖药修补）、墁水活（见前面砌墙部分）和擦净地面。

2）攒生：较高级地面，待地面充分干透后，还要用生桐油在地上砖面反复涂抹或浸泡。类似于现在在大理石、花岗石面上上光打蜡。

3. 质量要求

（1）砖不得有裂缝、缺楞掉角等缺陷。

（2）砖铺垫稳固、密实，缝道清晰平直。砖与砖无错位、翘曲等不平现象。

（3）油灰缝嵌塞密实、表面干净。油灰缝的宽度不得超过 1.5mm。

（4）表面平整度用 2m 托线板检查不大于 2mm。

4. 应注意的质量问题

（1）砖加工不平、翘曲，使铺后脚感不平。解决的办法是把好砖的加工关。

（2）泼浆时造成表面污染。解决办法是在分趟时对其他砖面进行保护。如已污染，应尽快清洗磨去。

（3）砖缝不匀。主要原因是摆砖时未考虑好和线拉得不紧。克服办法是应随铺随检查随调整。嵌缝后的油灰应清干净，使缝宽窄一致，外观上具有均匀感。

十二、特殊季节砌筑

我国南北方气温差异较大，并且季节变化显著，砖瓦工砌筑大多是露天作业，季节性比较明显，在气温较低的冬期或在高温多雨的夏期施工中需要采取一定的方法和措施，才能保证工程质量。

（一）冬 期 施 工

根据《砌体工程施工质量验收规范》（GB 50203—2002）规定，根据当地气象资料，当室外日平均气温连续 5 天稳定低于 5℃时，砌体工程应采取冬期施工措施。冬期施工期限以外，当日最低气温低于－3℃时，也应采取冬期施工措施。

1. 冬期施工一般规定

（1）冬期施工对原材料的基本要求

1）砖石材料　普通砖、多孔砖、空心砖、灰砂砖、混凝土小型空心砌块、加气混凝土砌块在砌筑前应清除表面污物及冰、霜、雪等；用水浸泡后受冻的砖及砌块不能使用；当砌筑时的气温为 0℃以上时，可以适当将砖浇水湿润，最好用热水，浇水不宜过多，一般以吸进 10mm 为宜，且随浇随用，砖表面不得有游离水。气温低于、等于 0℃时不宜对砖浇水，应适当增加砂浆的稠度。除应符合上述条件外，石材表面不应有水锈。

2）胶结材料及骨料　石灰膏、黏土膏或电石膏等宜保温防冻，当遭冻结时，应经融化后方可使用；冬期施工中拌制砌筑砂浆一般常采用强度等级为 32.5、42.5 级的普通硅酸盐水泥，不可使用无熟料水泥，不得使用无水泥拌制的砂浆；拌制砂浆的砂子不得含有冰块和直径大于 10mm 的冻结块。拌合砂浆时，水的温度不得超过 80℃，砂的温度不得超过 40℃，砂浆稠度宜较常温适当增大。

(2) 冬期施工中对砌筑砂浆的使用要求

1) 性能质量要求　对冬期砌筑砂浆的要求见表 12-1。

冬期砌筑砂浆性能　　　　　　　　　　表 12-1

项　目	质　量　要　求
强度	经过一定硬化期后达到设计规定的强度
流动性	满足砌筑要求的流动性
砂浆组成	砂浆在运输和使用时不得产生泌水、分层离析现象，保证其组分的均匀性
抗冻、防腐	应符合抗冻性、防腐性方面的设计要求
砂浆配置	不得使用无水泥配制的砂浆

2) 稠度　冬期施工对砌筑砂浆的稠度要求见表 12-2。

砌筑砂浆的稠度　　　　　　　　　　表 12-2

砌　筑　种　类	稠度(mm)
砖砌体	80～130
人工砌的毛石砌体	40～60
振动的毛石砌体	20～30

2. 冬期施工砌筑技术要求

冬期施工的砖砌体，应采用"三一"砌砖法施工和一顺一丁或梅花丁的挑砖方法且灰缝厚度不应超过 10mm。

冬期施工中，每日砌筑后，应及时在砌体表面进行保护性覆盖，砌体表面不得留有砂浆。在继续砌筑前，应先扫净砌体表面，然后再施工。

普通砖、多孔砖和空心砖在气温高于 0℃ 条件下砌筑时，应浇水湿润。在气温低于或等于 0℃ 条件下砌筑时，可不浇水，但必须增大砂浆稠度 10～30mm，但不宜超过 130mm，以保证与砂浆的粘结力。抗震设计烈度为 9 度的建筑物，普通砖、多孔砖和空心砖无法浇水湿润时，如无特殊措施，不得砌筑。

冬期施工时，可在砂浆中按一定比例掺入微沫剂，掺量一般为水泥用量（重量）的 0.005%～0.01%。微沫剂在使用前应用水稀释均匀，水温不宜低于 70℃，浓度以 5%～10% 为宜，并应在一周内使用完毕，以防变质，必须采用机械搅拌，拌合时间自投料计起为 3～5min。

基土不冻胀时，基础可在冻结的地基上砌筑；基土有冻胀时，必须在未冻的地基上砌筑。在施工时和回填土前，均应防止地基遭受冻结。

砂浆试块的留置，除应按常温规定要求外，尚应增设不少于两组与砌体同条件养护的试块，分别用于检验各龄期强度和转入常温的砂浆强度。

3. 砌体工程冬期施工法

砖石砌体工程的冬期施工以采用掺盐砂浆法为主。对保温、绝缘、装饰等方面有特殊要求的工程，可采用冻结法或其他施工方法。

（1）掺盐砂浆法

掺入盐类的水泥砂浆、水泥混合砂浆或微沫砂浆称为掺盐砂浆。采用这种砂浆砌筑的方法称为掺盐砂浆法。

1）掺盐砂浆法的原理和适应范围

掺盐砂浆法就是在砌筑砂浆内掺入一定数量的抗冻化学剂，来降低水溶液的冰点，以保证砂浆中有液态水存在，使水化反应在一定负温下不间断进行，使砂浆在负温下强度能够继续缓慢增长。同时，由于降低了砂浆中水的冰点，砖石砌体的表面不会立即结冰而形成冰膜，故砂浆和砖石砌体能较好地粘结。

掺盐砂浆中的抗冻化学剂，目前主要是氯化钠和氯化钙。其他还有亚硝酸钠、碳酸钾和硝酸钙等。

采用掺盐砂浆法具有施工简便、施工费用低，货源易于解决等优点，所以在我国砖石砌体冬期施工中普遍采用掺盐砂浆法。

由于氯盐砂浆吸湿性大，使结构保温性能下降，并有析盐现象等，对下列工程严禁采用掺盐砂浆法施工：对装饰有特殊要求的建筑物；使用湿度大于60%的建筑物；接近高压电路的建筑物；热工要求高的建筑物；配筋砌体；处于地下水位变化范围内以及水下未设防水层的结构。

2) 掺盐砂浆法的施工工艺

① 对材料的要求

砖石砌体工程冬期施工所用的材料，应符合下列规定：砖石在砌筑前，应清除冰霜；拌制砂浆所用的砂中，不得含有冰块和直径大于 10mm 的冻结块；石灰膏等应防止受冻，如遭冻结，应经融化后，方可使用；水泥应选用普通硅酸盐水泥；拌制砂浆时，水的温度不得超过 80℃；砂的温度不得超过 40℃。

② 对砂浆的要求

采用掺盐法进行施工，应按不同负温界限控制掺盐量：当砂浆中氯盐掺量过少，砂浆内会出现大量的冻结晶体，水化反应极其缓慢，会降低早期强度。如果氯盐掺量大于10%，砂浆的后期强度会显著降低，同时导致砌体析盐量过大，增大吸湿性，降低保温性能。按气温情况规定的掺盐量见表 12-3。

氯盐掺量表（%） 表 12-3

氯盐及砌体材料种类			日最低气温/℃			
			≥−10	−11～−15	−16～−20	−21～−25
单盐	氯化钠	砖、砌块	3	3	7	—
		毛石、料石	4	7	10	—
复盐	氯化钠	砖、砌块	—	—	5	7
	氯化钙		—	—	2	3

注：掺盐量以无水盐计。

③ 盐溶液应设专人配制。先配制成标准浓度（即氯化钠标

准溶液，为每千克含纯氯化钠 20%，密度为 1.1g/cm³；氯化钙标准溶液密度为 1.18g/cm³；均以波美密度测定），置于专用容器内，然后再以一定的比例掺入温水，配制成所需要的溶液。

掺盐法的砂浆使用温度不应低于 5℃，当日最低气温等于或低于 −15℃ 时，对砌筑承重结构的砂浆强度等级应按常温施工时提高一级。拌合砂浆前要对原材料加热，且应优先加热水。当满足不了温度时，再进行砂的加热。当拌合水的温度超过 60℃ 时，拌制时的投料顺序是：水和砂先拌，然后再投放水泥。掺盐砂浆中掺入微沫剂时，盐溶液和微沫剂在砂浆拌合过程中先后加入。砂浆应采用机械进行拌合，搅拌时间应比常温季节增加一倍。拌合后的砂浆应注意保温。

3）施工准备工作

由于氯盐对钢筋有腐蚀作用，掺盐法用于设有构造配筋的砌体时，钢筋可以涂樟丹 2～3 道或者涂沥青 1～2 道，以防钢筋锈蚀。

普通砖和空心砖在正温度条件下砌筑时，应采用随浇水随砌筑的方法；负温度条件下，只要有可能，应该尽量浇热盐水。当气温过低，浇水确有困难时，则必须适当增大砂浆的稠度。抗震设计烈度为九度的建筑物，普通砖和空心砖无法浇水湿润时，无特殊措施，不得砌筑。

4）砌筑施工工艺

掺盐砂浆法砌筑砖砌体，应采用"三一"砌砖法进行操作。即一铲灰，一块砖，一揉压，使砂浆与砖的接触面能充分结合，提高砌体的抗压、抗剪强度。不得大面积铺灰，以避免砂浆温度过快降低。砌筑时要求灰浆饱满；灰缝厚度均匀，水平缝和垂直缝的厚度和宽度，应控制在 8～10mm。采用掺盐砂浆法砌筑砌体，砌体转角处和交接处应同时砌筑，对不能同时砌筑而又必须留置的临时间断处，应砌成斜槎。砌体表面不应铺设砂浆层，宜采用保温材料加以覆盖。继续施工前，应先用扫帚扫净砖表面，然后再施工。

（2）冻结法

冻结法是指采用不掺化学外加剂的普通水泥砂浆或水泥混合砂浆进行砌筑的一种冬期施工方法。

1）冻结法的原理和适应范围

冻结法的砂浆内不掺任何抗冻化学剂，允许砂浆在铺砌完后就受冻。受冻的砂浆可以获得较大的冻结强度，而且冻结的强度随气温降低而增高。但当气温升高而砌体解冻时，砂浆强度仍然等于冻结前的强度。当气温转入正温后，水泥水化作用又重新进行，砂浆强度可继续增长。

冻结法允许砂浆在砌筑后遭受冻结，且在解冻后其强度仍可继续增长。所以对有保温、绝缘、装饰等特殊要求的工程和受力配筋砌体以及不受地震区条件限制的其他工程，均可采用冻结法施工。

冻结法施工的砂浆，经冻结、融化和硬化三个阶段后，砂浆强度，砂浆与砖石砌体间的粘结力都有不同程度的降低。砌体在融化阶段，由于砂浆强度接近于零，将会增加砌体的变形和沉降。所以对下列结构不宜选用：空斗墙，毛石墙，承受侧压力的砌体，在解冻期间可能受到振动或动荷载的砌体，在解冻期间不允许发生沉降的砌体。

2）冻结法的施工工艺

① 对材料的要求

冻结法的砂浆使用时温度不应低于 10℃，当日最低气温高于或等于−25℃时，对砌筑承重砌体的砂浆强度等级应比常温施工时提高一级；当日最低气温低于−25℃时，则应提高二级。

② 砌筑施工工艺

采用冻结法施工时，应按照"三一"砌筑方法，对于房屋转角处和内外墙交接处的灰缝应特别仔细砌合。砌筑时一般采用一顺一丁的砌筑方法。冻结法施工中宜采用水平分段施工，墙体一般应在一个施工段范围内，砌筑至一个施工层的高度，不得间断。每天砌筑高度和临时间断处均不宜大于 1.2m。不设沉降缝的砌体，其分段处的高差不得大于 4m。

③ 砌体的解冻

砌体解冻时，由于砂浆的强度接近于零，所以增加了砌体解冻期间的变形和沉降，其下沉量比常温施工增加 10%～20%。解冻期间，由于砂浆遭冻后强度降低，砂浆与砌体之间的粘结力减弱，所以砌体在解冻期间的稳定性较差。用冻结法砌筑的砌体在开冻前需进行检查，开冻过程中应组织观测。如发现裂缝、不均匀下沉等情况，应分析原因并立即采取加固措施。

为保证砖砌体在解冻期间能够均匀沉降不出现裂缝，应遵守下列要求：解冻前应清除房屋中剩余的建筑材料等临时荷载；在开冻前，宜暂停施工，留置在砌体中的洞口和沟槽等，宜在解冻前填砌完毕；跨度大于 0.7m 的过梁，宜采用预制构件；门窗框上部应留 3～5mm 的空隙，作为化冻后预留沉降量；在楼板水平面上，墙的拐角处、交接处和交叉处每半砖设置一根 $\phi6$ 的拉筋。

在解冻期进行观测时，应特别注意多层房屋下层的柱和窗间墙、梁端支承处、墙交接处和过梁模板支承处等地方。此外，还必须观测砌体沉降的大小、方向和均匀性，砌体灰缝内砂浆的硬化情况。观测一般需 15d 左右。

解冻时除对正在施工的工程进行强度验算外，还要对已完成的工程进行强度验算。

(3) 其他方法

砌体工程的冬期施工除常用外加剂法和冻结法外，尚可选用暖棚法、蓄热法、电加热法、蒸汽加热法和快硬砂浆法等施工方法。

1) 暖棚法

暖棚法是将被养护的砌体临时置于搭设的棚中，内部设置散热器、排管、电热器或火炉等加热棚内空气，使砌体处于正温条件下砌筑和养护的方法。

采用暖棚法要求棚内块材的砌筑温度不得低于 5℃，距离所砌结构底面 0.5m 处的棚内温度也不低于 5℃。故应经常采用热风装置进行加热。由于搭暖棚需要消耗大量的材料、人工和能源，所以暖棚法成本高，效率低，一般不宜采用。

暖棚法适用于地下工程、基础工程、局部修复工程以及量小又急需砌筑使用的砌体结构。

砌体在暖棚内的养护时间，根据暖棚内的温度，应按表 12-4 确定。

暖棚法砌体养护时间　　　　　　表 12-4

暖棚内温度(℃)	5	10	15	20
养护时间(d)	≥6	≥5	≥4	≥3

2）蓄热法

蓄热法是在施工过程中先将水和砂加热，使拌合后的砂浆在上墙时保持一定正温，以推迟冻结的时间，在一个施工段内的墙体砌筑完毕后，立即用保温材料覆盖其表面，使砌体中的砂浆在正温下达到其强度的 20%。蓄热法可用于冬期气温不太低的地区（温度在 -5~0℃），以及寒冷地区初冬或初春季节。特别适用地下结构。

3）电气加热法

电气加热法是在砂浆内通过低压电流，使电能变为热能，产生热量以对砌体进行加热从而加速砂浆的硬化。电气加热法的温度不宜超过 40℃。电热法要消耗很多电能，并需要一定的设备，故工程的附加费用较高。

仅用于修缮工程中局部砌体需立即恢复到使用功能和不能采用冻结法或外加剂法的结构部位。

4）快硬砂浆法

快硬砂浆法是用快硬硅酸盐水泥（75% 的普通硅酸盐水泥及 25% 的矾土水泥）和加热的水及砂拌合制成的快硬砂浆，在受冻前能比普通砂浆获得更高的强度。

适用于热工要求高，湿度大于 80% 及接触高压输电线路和配筋的砌体。

5）蒸汽加热法

蒸汽加热法是利用低压蒸汽对砌体进行均匀的加热，使砌体得到适宜的温度和湿度，使砂浆加快凝结与硬化。由于蒸汽加热法在实际施工过程中需要模板或其他有关材料，施工复杂，成本较高，功效较低，工期过长，故一般较少使用。

只有当蓄热法或其他方法不能满足施工要求和设计要求时方可采用。

（二）暑期、雨期施工

1. 暑期施工

（1）暑期施工要求

1）砖的浸润　在平均气温高于5℃时，砖使用前应该浇水润湿，夏期更要注意砖的浇水润湿，使水的渗入量达到20mm左右。

2）砂浆的拌制　使用砂浆的稠度要适当加大，一般采用稠度为80～100mm的砌筑砂浆。施工时如果最高气温超过30℃，拌好的砂浆应控制在2h内用完。

3）砌体的养护　砌体应浇水养护，一般上午砌筑的砌体下午就应该养护。一是用水适当淋浇养护；二是将草帘浇湿后遮盖养护。

（2）暑期施工安全注意事项

1）做好防暑降温工作，备有足够的盐水和饮料，适当延长中午休息时间。

2）尽量避免在阳光直射下操作，适当调整作息时间。

2. 雨期施工

（1）砌体工程雨期施工要求

1) 砖在雨期必须集中堆放，以便用塑料薄膜、竹席等覆盖，且不宜浇水。砌墙时要求干湿砖块合理搭配。砖湿度过大时不可上墙，砌筑高度不宜超过 1.2m。

2) 雨期遇大雨必须停工。砌砖收工时应在砖墙顶盖一层干砖，避免大雨冲刷灰浆。搅拌砂浆用砂，宜用中粗砂，因为中粗砂拌制的砂浆收缩变形小。另外，要减少砂浆用水量，防止砂浆使用中变稀。大雨过后受雨冲刷过的新砌墙体应翻动最上面两皮砖。

3) 稳定性较差的窗间墙、独立砖柱，应加设临时支撑或及时浇筑圈梁，以增加砌体的稳定性。

4) 砌体施工时，内外墙要尽量同时砌筑；并注意转角及丁字墙间的连接要同时跟上，同时要适当地缩小砌体的水平灰缝，减少砌体的压缩变形，其水平灰缝宜控制在 8mm 左右。遇台风时，应在与风向相反的方向加临时支撑，以保证墙体的稳定。

5) 雨后继续施工，必须复核已完工砌体的垂直度和标高。

(2) 雨期施工工艺

砌筑方法宜采用"铺浆法"和"三一"法。采用"铺浆法"时铺浆的长度不宜太大，以免受到雨水冲淋；采用"三一"法时，每天的砌筑高度应限制在 1.2m 以内，以减少砌体倾斜的可能性。必要时可将墙体两面用夹板支撑加固。

根据雨期长短及工程实际情况，可搭活动的防雨棚，随砌筑位置变动而搬动。若有小雨时，可不必采取此措施。

收工时在墙上盖一层砖，并用草帘加以覆盖，以免雨水将砂浆冲掉。

(3) 雨期施工安全措施

雨期施工时脚手架等应增设防滑设施。金属脚手架和高耸设备，应有防雷接地设施。在梅雨季节，露天施工人员易受寒，要备好姜汤和药物。

十三、质量事故和安全事故的预防和处理

（一）质量事故的特点、分类和处理

1. 工程质量事故的特点

质量事故是指在建筑工程施工中，凡质量不符合设计要求或使用要求，超出施工验收规范和质量评定标准所允许的误差范围的，或降低了设计标准的，一般都需返工或加固补强的，都称为工程质量事故。

质量事故可以由设计错误，材料、设备不合格，施工方法或操作过程错误所造成。具有其复杂性、严重性、可变性和多发性。

（1）复杂性

建筑生产与一般工业相比具有产品固定，生产流动产品多样，结构类型不一；露天作业多，自然条件复杂多变；材料品种、规格多，材质性能各异；多工种、多专业交叉施工，相互干扰大；工艺要求不同，施工方法各异，技术标准不一等特点。因此，影响工程质量的因素繁多，造成质量事故的原因错综复杂，即使是同一类质量事故，而原因却可能多种多样截然不同。例如，就钢筋混凝土楼板开裂质量事故而言，其产生的原因就可能是：设计计算有误；结构构造不良；地基不均匀沉陷；或温度应力、地震力、膨胀力、冻涨力的作用；也可能是施工质量低劣、偷工减料或材质不良等等。所以使得对质量事故进行分析，判断其性质、原因及发展，确定处理方案与措施等都增加了复杂性及

困难。

（2）严重性

工程项目一旦出现质量事故，其影响较大。轻者影响施工顺利进行、拖延工期、增加工程费用，重者则会留下隐患成为危险的建筑，影响使用功能或不能使用，更严重的还会引起建筑物的失稳、倒塌，造成人民生命、财产的巨大损失。例如，1995年韩国汉城三峰百货大楼出现倒塌事故死亡达400余人，在国内外造成很大影响，甚至导致国内人心恐慌，韩国国际形象下降；1999年我国重庆市綦江县彩虹大桥突然整体垮塌，造成40人死亡，14人受伤，直接经济损失631万元，在国内一度成为人们关注的热点，引起全社会对建设工程质量整体水平的怀疑，构成社会不安定因素。所以对于建设工程质量问题和质量事故均不能掉以轻心，必须予以高度重视。

（3）可变性

许多工程的质量问题出现后，其质量状态并非稳定于发现的初始状态，而是有可能随着时间而不断地发展、变化。例如，桥墩的超量沉降可能随上部荷载的不断增大而继续发展；混凝土结构出现的裂缝可能随环境温度的变化而变化，或随荷载的变化及负担荷载的时间而变化等。因此，有些在初始阶段并不严重的质量问题，如不能及时处理和纠正，有可能发展成一般质量事故，一般质量事故有可能发展成为严重或重大质量事故。例如，开始时微细的裂缝有可能发展导致结构断裂或倒塌事故；土坝的涓涓渗漏有可能发展为溃坝。所以，在分析、处理工程质量问题时，一定要注意质量问题的可变性，应及时采取可靠的措施，防止其进一步恶化而发生质量事故；或加强观测与试验，取得数据，预测未来发展的趋势。

（4）多发性

建设工程中的质量事故，往往在一些工程部位中经常发生。例如，悬挑梁板断裂、雨篷倾覆、钢屋架失稳等。因此，总结经验，吸取教训，采取有效措施予以预防十分必要。

2. 工程质量事故的分类

建设工程质量事故的分类方法有多种，既可按造成损失严重程度划分，又可按其产生的原因划分，也可按其造成的后果或事故责任区分。各部门、各专业工程，甚至各地区在不同时期界定和划分质量事故的标准尺度也不一样。国家现行对工程质量通常采用按造成损失严重程度进行分类，其基本分类如下：

（1）一般质量事故：凡具备下列条件之一者为一般质量事故。

1）直接经济损失在 5000 元（含 5000 元）以上，不满50000 元的；

2）影响使用功能和工程结构安全，造成永久质量缺陷的。

（2）严重质量事故：凡具备下列条件之一者为严重质量事故。

1）直接经济损失在 50000 元（含 50000 元）以上，不满 10 万元的；

2）严重影响使用功能或工程结构安全，存在重大质量隐患的；

3）事故性质恶劣或造成 2 人以下重伤的。

（3）重大质量事故：凡具备下列条件之一者为重大质量事故，属建设工程重大事故范畴。

1）工程倒塌或报废；

2）由于质量事故，造成人员死亡或重伤 3 人以上；

3）直接经济损失 10 万元以上。

按国家建设行政主管部门规定建设工程重大事故分为四个等级。工程建设过程中或由于勘察设计、监理、施工等过失造成工程质量低劣，而在交付使用后发生的重大质量事故，或因工程质量达不到合格标准，而需加固补强、返工或报废，直接经济损失10 万元以上的重大质量事故。此外，由于施工安全问题，如施工脚手架、平台倒塌，机械倾复、触电、火灾等造成建设工程重大事故。建设工程重大事故分为以下四级：

1）凡造成死亡 30 人以上或直接经济损失 300 万元以上为一级；

2）凡造成死亡 10 人以上，29 人以下或直接经济损失 100 万元以上，不满 300 万元为二级；

3）凡造成死亡 3 人以上，9 人以下或重伤 20 人以上或直接经济损失 30 万元以上，不满 100 万元为三级；

4）凡造成死亡 2 人以下，或重伤 3 人以上，19 人以下或直接经济损失 10 万元以上，不满 30 万元为四级。

（4）特别重大事故：凡具备国务院发布的《特别重大事故调查程序暂行规定》所列发生一次死亡 30 人及其以上，或直接经济损失达 500 万元及其以上，或其他性质特别严重，上述影响三个之一均属特别重大事故。

3. 质量事故的处理

（1）质量事故处理的程序

1）事故报告

施工现场发生质量事故时，施工负责人应按规定的时间和规定的程序，及时向企业报告事故状况。

2）现场保护

当施工过程发生质量事故，尤其是导致土方、结构、施工模板、平台坍塌等安全事故造成人员伤亡时，施工负责人应视事故的具体状况，组织在场人员果断采取应急措施保护现场，救护人员，防止事故扩大。同时做好现场记录、标识、拍照等，为后续的事故调查保留客观真实场景。

3）事故调查

事故调查是搞清质量事故原因，有效进行技术处理，分清质量事故责任的重要手段。事故调查包括现场施工管理组织的自查和来自企业的技术、质量管理部门的调查；此外根据事故的性质，需要接受政府建设行政主管部门、工程质量监督部门以及检察、劳动部门等的调查，现场施工管理组织应积极配合，如实提供情况和资料。

4）事故处理

事故处理包括两大方面，即

① 事故的技术处理，解决施工质量不合格和缺陷问题；

② 事故的责任处罚，根据事故性质、损失大小、情节轻重对责任单位和责任人作出行政处分直至追究刑事责任等的不同处罚。

5）恢复施工

对停工整改、处理质量事故的工程，经过对施工质量的处理过程和处理结果的全面检查验收，并有明确的质量事故处理鉴定意见后，报请工程监理单位批准恢复正常施工。

（2）质量事故技术处理的依据和要求

1）处理依据：施工合同文件；工程勘察资料及设计文件；施工质量事故调查报告；相关建设法律、法规及其强制性条文；类似工程质量事故处理的资料和经验。

2）处理要求：搞清原因、稳妥处理。由于施工质量事故的复杂性，必须对事故原因展开深入地调查分析，必要时应委托有资质的工程质量检测单位进行质量检测鉴定或邀请专家咨询论证，只有真正搞清事故原因之后，才能进行有效的处理。

坚持标准、技术合理。在制订或选择事故技术处理方案时，必须严格坚持工程质量标准的要求，做到技术方案切实可行、经济合理。技术处理方案原则上应委托原设计单位提出；施工单位或其他方面提出的处理方案，也应报请原设计单位审核签认后才能采用。

安全可靠、不留隐患。必须加强施工质量事故处理过程的管理，落实各项技术组织措施，做好过程检查、验收和记录，确保结构安全可靠，不留隐患，功能和外观处理到位达标。

验收鉴定、结论明确。施工质量事故处理的结果是否达到预期目的，需要通过检查、验收和必要的检测鉴定，如实测实量、荷载试验、取样试压、仪表检测等方法获得可靠的数据，进行分析判断后对处理结果做出明确的结论。

（3）施工质量事故处理的方式

1）返工处理　即推倒重来，重新施工或更换零部件，自检合格后重新进行检查验收。

2）返修处理　即经过适当的加固补强、修复缺陷，自检合格后重新进行检查验收。

3）让步处理　即对质量不合格的施工结果，经设计人的核验，虽没达到设计的质量标准，却尚不影响结构安全和使用功能，经业主同意后可予验收。

4）降级处理　如对已完施工部位，因轴线、标高引测差错而改变设计平面尺寸，若返工损失严重，在不影响使用功能的前提下，经承发包双方协商验收。

5）不作处理　对于轻微的施工质量缺陷，如面积小、点数多、程度轻的混凝土蜂窝麻面、露筋等在施工规范允许范围内的缺陷，可通过后续工序进行修复。

（二）砌筑工艺常见的质量通病及预防

1. 砂浆强度不足

（1）一定要按试验室提供的配合比配制；

（2）一定要准确计量，不能用体积比代替质量比；

（3）要掌握好稠度，测定砂的含水率，不能忽稀忽稠；

（4）不能用很细的砂来代替配合比中要求的中粗砂；

（5）砂浆试块要专人制作。

2. 砂浆品种混淆

（1）加强技术交底，明确各部位砌体所用砂浆的不同要求。

（2）从理论上弄清石灰和水泥的不同性质，水泥属水硬性材料而石灰属气硬性材料。

（3）弄清纯水泥砂浆砖砌体与混合砂浆砖砌体的砌体强度不同。

3. 轴线和墙中心线混淆

（1）加强审图学习图。

（2）从理论上弄清图纸上的轴线和实际砌墙时中心线的不同概念。

（3）加强施工放线工作和检查验收。

4. 基础标高偏差

（1）加强基础皮数杆的检查，要使 ±0.000 在同一水平面上。

（2）第一皮砖下垫层与皮数杆高度间有误差，应先用细石混凝土找平，使第一皮砖起步时都在同一水平面上。

（3）控制操作的灰缝厚度，一定要对照皮数杆拉线砌筑。

5. 基础防潮层失效

（1）要防止砌筑砂浆当防潮层砂浆使用。

（2）基础墙顶抹防潮层前要清理干净，一定要浇水湿润。

（3）防潮层最好在回填土工序之后进行粉抹，以避免交错施工时损坏。

（4）要防止冬期施工时防潮层受冻而最后失效或碎断。

6. 砖砌体组砌混乱

（1）应使工人了解砖墙砌筑形式不仅是为了美观，主要是为了满足传递荷载的需要。因此墙体中砖缝搭接不得少于 1/4 砖长，外皮砖最多隔三皮砖就应有一层丁砖拉结（三顺一丁），为了节约，允许使用半砖，但也应满足 1/4 砖长的搭接要求，对于半砖应分散砌在非主要墙体中。

（2）砖柱的组砌，应根据砖柱截面和实际情况统盘考虑，但严禁采用包心砌法。

（3）砖柱横、竖向灰缝的砂浆必须饱满，每砌完一层砖，都要进行一次竖缝刮浆塞缝工作，以提高砌体强度。

（4）墙体组砌形式的选用，应根据所在部位受力性质和砖的规格尺寸误差而定。一般清水墙面常选用满丁满条和梅花丁的组砌方法；地震地区，为增强砌体的受拉强度，可采取骑马缝的组砌方法；砖砌蓄水池应采用三顺一丁的组砌方法；双面清水墙，如工业厂房围护墙、围墙等，可采用"三七缝"组砌方法。由于一般砖长为正偏差、宽为负偏差，采用梅花丁的组砌形式，能使所砌墙的竖缝宽度均匀一致。为了不因砖的规定尺寸误差而经常变动组砌形式，在同一工程中，应尽量使用同一砖厂的砖。

7. 砌体砂浆不饱满，饱满度不合格

（1）改善砂浆的和易性，确保砂浆饱满度。

（2）改进砌筑方法，取消推尺铺灰砌筑，推广"三一"砌筑法，提倡"二三八一"砌筑法。

（3）反对铺灰过长的盲目操作，禁止干砖上墙。

8. 清水墙面游丁走缝

（1）砌清水墙之前应统一摆砖，并对现场砖的尺寸进行实测，以便确定组砌方法和调整竖缝宽度。

（2）摆砖时应将窗口位置引出，使砖的竖缝尽量与窗口边线相齐；如安排不开，可适当移动窗口（一般不大于2cm）。当窗口宽度不符合砖的模数（如1.8m宽）时，应将七分头砖留在窗口下部中央，以保持窗间墙处上下竖缝不错位。

（3）游丁走缝主要是由于丁砖游动引起，因此在砌筑时必须强调丁压中，即丁砖的中线与下层的中线重合。

（4）砌大面积清水墙（如山墙）时，在开始砌筑的几层中，

沿墙角 1m 处，用线锤吊一次竖缝的垂直度，以至少保证一步架高度有准确的垂直度。

（5）沿墙面每隔一定间距，在竖缝处弹墨线，墨线用经纬仪或线锤引测。当砌到一定高度（一步架或一层墙）后，将墨线向上引测，作为控制游丁走缝的基准。

9. 砖墙砌体留槎不符合规定

（1）在安排施工操作时，对施工留槎应作统一考虑，外墙大角、纵横承重墙交接处，应尽量做到同步砌筑不留槎，以加强墙体的整体稳定性和刚度。

（2）不能同步砌筑时应按规定留踏步槎或斜槎，但不得留直槎。

（3）留斜槎确有困难时在非承重隔墙处可留锯齿槎，但应按规定，在纵横墙灰缝中预留拉结筋，其数量每半砖不少于 1φ6 钢筋，沿高度方向间距为 500mm，埋入长度不小于 500mm，且末端应设弯钩。

10. 水平灰缝厚度不均匀、超厚度

（1）砌筑时必须按皮数杆盘角拉线砌筑。

（2）改进操作方法，不要摊铺放砖的手法，要采用"三一"操作法中的一揉动作，使每皮砖的水平灰缝厚度一致。

（3）不要用粗细颗粒不一致的"混合砂"拌制砂浆，砂浆和易性要好，不能忽稀忽稠。

（4）勤检查十皮砖的厚度，控制在皮数杆的规定值内。

11. 构造柱处墙体留槎不符合规定，抗震筋不按规范要求设置

（1）坚持按规定设置马牙槎，马牙槎沿高度方向的尺寸不宜超过 300mm（即五皮砖）。

（2）设抗震筋时应按规定沿砖墙高度每隔 500mm 设 2φ6 钢筋，钢筋每边伸入墙内不宜小于 1m。

12. 框架结构中柱边填充墙砌体留槎不符合规定，抗震筋设置不符合要求

（1）分清框架计算中是否考虑侧移受力，查清图纸中的节点大样及说明。

（2）设计中若考虑受侧移力作用时，按规定填充墙在柱边应砌筑马牙槎，并宜先砌墙后浇捣混凝土框架柱梁，并设置抗震钢筋，规格为 $2\phi6$，抗震钢筋间距为沿框架柱高每 500mm 间隔置放，拉筋伸入墙内长度应满足规范要求（即根据地震设防烈度来确定长度）。

（3）其他情况也应设置抗震钢筋，其数量、间距和伸入墙的长度同上条，接槎是否用马牙槎可根据现场实际情况确定。

13. 内隔墙中心线错位

（1）必须坚持用龙门板上中心线拉到基础位置的方法，用设置中心桩来控制，不宜用基槽内排尺寸的方法来解决。

（2）各楼层的放线、排尺应坚持在同一侧面。

（3）轴线用一锤引吊或用经纬仪引测，轴线应从底层开始，防止累积误差。

14. 墙体产生竖向和横向裂缝

（1）地基处理要按图施工，局部软弱土层一定要加固好，地基处理必须经设计单位及有关部门验收。

（2）凡构件在墙体中产生较大的局部压力处，一定要按图纸规定处理好。

（3）必须保证保温层的厚度和质量，保温层必须按规定分隔，檐口处的保温层必须铺过墙砌体的外边线。

15. 非承重墙或框架中填充墙砌体在先浇梁、后砌墙的情况下墙顶（梁底）砌法不符合要求

（1）在分清是否抗震设防的前提下，应按规定分别处理。

（2）一般情况下墙砌体顶部（梁底）应用斜砖塞紧，斜砖与墙顶及梁底的空隙应用砂浆填实。

（3）在抗震设防烈度较高的地区，应设置可靠的抗震拉结钢筋，保证墙顶与梁有可靠的拉结。

（三）安全事故的预防和处理

1. 砌筑时常见问题

（1）砌筑时手指易被磨破

砌筑工砌砖时，手直接与砖（石）面接触。每块砖浇上水以后重 3kg，如每天砌 1500 块砖，就是 4.5t 重，并且是一只手提起，拿到墙上还要挤揉平稳。这样天天干下去，手的负担很重，特别是几个手指，每天要与砖进行几千次的摩擦，手指肚很容易被磨破。手指磨破以后，非常疼痛，影响工作与生活。

在工作实践中发现，凡是手指被磨破的，大部分是一些青年砌筑工，有丰富砌砖经验的老师傅的手指很少被磨破。那么如何才能避免手指被磨破呢？根据砌筑经验归纳以下几点：

1）保持正确的拿砖姿势

① 砖拿到手上后，不能单纯地用几个手指去捏，否则捏几十块砖后手指就要磨破。应用指关节去配合工作，即手指头肚少用力，关节多用力，砖在手上是卡住，而不能是被捏住。

② 不要提着砖去铲灰，铲灰拿砖应基本同时完成，减少砖在手中的停留时间。

③ 砖拿起后，不要提着，要将手腕翻转，变提砖为托砖。

2）手眼结合选砖

许多人在选砖过程中，用手不停地翻过来倒过去。使手指与砖的接触次数增多。选砖时手与眼应配合起来，拿第一块砖时，第二块、第三块砖在哪个位置应基本有数，到用时拿起来就行，不用再去乱翻，要做到拿一选二才行。

3）免除多余动作

砖拿到手上后，如外露面不太理想时，用手托着旋转180°，这是砌砖者的基本功。但有许多人将这个动作习惯化，砖拿到手上后，不管砖面好坏，先转一下，如不行再转一下。实际上，手眼配合好后，外露面用哪几块基本差不多。

拿到手上以后，基本不用再旋转。转砖是一种选砖工作的补充，而不是砌砖的必然动作。

4）铺灰要准

砌砖时铺灰要准，灰铺上后不要太厚，砖放上一揉便可，防止铺灰不均，砖反复地揉搓，手指在砖面上也随之摩擦揉动。一般情况下，灰缝厚10mm，铺灰虚厚为15mm为宜，太厚揉砖费劲，太薄又不易保证砂浆饱满。

5）阴雨天手指的保护

阴雨天时砖含水过多，不但重量增加，而且砖表面湿润过度。手指与湿润的砖表面接触后，手指肚自然变软，砖表面的粉尘、砂等物便将手指磨破。在这种条件下砌砖，拿砖的手要戴手套，并且用胶布将手套上关键的几个手指包起来，防止手指被磨。

（2）砌筑时腰部易疲劳

砌筑工砌墙时，腰部负担很集中，骨骼、肌肉等组织都处于紧张状态，所以很容易产生疲劳。其主要表现为腰酸背疼，工作效率因此受到影响，尤其是常年砌砖易形成职业病，影响身体健康。

为了预防腰部疲劳，要求砌筑操作人员在砌筑前像体育比赛那样，有一个短时间的准备活动过程，如弯腰、屈腿、跑步、跳跃或举臂伸腰动作。另外，砌筑前可在腰部贴上活血止痛膏、消炎止痛膏或关节止痛膏等外用药，既有治疗腰疼作用，又能预防腰酸背痛。但应注意：这类外用药忌贴于创伤处，有皮肤病者也慎用。

为了预防操作人员腰部疲劳和腰酸背疼，要求砌筑的动作要柔韧、灵巧，动作要有节奏，手、足、腿配合要协调。腰部应具有一定幅度的前后活动余地，使其避免始终处于一个固定的弯曲位置上。弯腰不要太高，臀部也不能抬得太高，这样可以避免人体重心过高（因为重心过高会增加腰部肌肉负担和能量消耗），使腰部容易疲劳。

砌筑过程中，应合理安排休息。一般每砌1～2h砖，应休息5～10min。即使在砌筑过程中，也可稍立一会儿，伸伸腰，使刚刚开始的疲劳得以缓解。正常砌筑时，要掌握好最佳砌筑速度频率，以每分钟砌7～9块砖为宜。不宜进行比赛式的争先恐后砌筑，那样，不但容易产生疲劳，而且质量也不易得到保证。

近几年来推行的"二三八一"砌砖法，减少了多余砌砖动作，是符合人体正常生活和活动规律的砌砖方法。这种方法可以减少体力消耗，值得推广应用。

2. 砌体工程安全技术

（1）一般规定

1）新工人入厂后，必须进行安全生产教育。在实际操作中，技术人员、老工人应对新工人进行砌石、砌砖及砌筑小砌块、填充墙等的施工方法、安全生产的交底。

2）在操作之前，必须检查操作环境是否符合安全要求、道路是否畅通、机具是否完好牢固、安全设施和防护用品是否齐全，经检查符合要求后，方可施工。

3）进入施工现场，必须戴安全帽。

4）脚手架未经验收，不得使用。验收之后，不得随意拆改及自行搭设；如必须拆改时，应由架子工进行。脚手架应搭马道或梯子，以供人员上下。

5）非机电操作工人不得擅自开动机器及接拆机电设备。任何人不得乘座吊车上下。

6）严禁上下投掷物体。在同一垂直面内，上下交叉作业时，必须设置防护隔层，防止物体坠落伤人。

7）凡不经常进行高空作业的人员，在进行高空作业之前，应经过体格检查，经医生证明合格者，方可参加作业。六级以上大风时，应停止高空作业。

8）现场或楼层上预留孔洞、出入口、楼梯口和电梯井等各种洞口，是施工中的危险部位，必须严加防范，应设置护身栏杆或防护盖板；上述防护设施均不得任意挪动，洞口、楼梯在未安装栏杆之前，应绑护身栏杆。必要处夜间应设红灯示警。

（2）堆料

1）基槽两边 1m 以内严禁堆料。地面堆砖高度不应超过1.5m。脚手板上堆放石料、砖及灰斗必须放稳，堆放数量不得过于集中，每平方米不得超过 270kg；堆砖高度不得超过 3 皮侧砖。毛石一般不得超过一层，同一块脚手板上的操作人员不应超过 2 人。

2）在楼层，特别是在预制板面施工时，堆放机具、砖块等物品不得超过使用荷载。如超过使用荷载时，必须经过验算，采取有效加固措施后，方可进行堆放及施工。

3）润砖应在地面上预先浇水，不得在地槽边或架子上用水管浇水，但冬期施工润砖时可在架子上进行。

（3）运输

1）使用垂直运输的吊笼、滑车、绳索、刹车等，必须满足负荷要求，牢固无损；吊运时不得超载，并需经常检查，发现问题及时修理。

2）用起重机吊砖要用砖笼；吊砂浆的料斗不能装得过满。吊件回转范围内不得有人停留，吊件落到架子上时，砌筑人员要暂停操作，并避开一边。

3）砖、石运输车辆行车时的前后距离，平道上不小于 2m；坡道上不小于 10m，斜屋面上不得用小车运料。运料小车在架子上停放时，必须停稳、立牢。装砖时要先取高处后取低处，防止砖垛倒塌砸人。

4）吊运石块时，应经常检查并做到：吊具、绳索无损坏、断裂等现象，必须在石块放稳后，才能松开吊钩和绳索。

5）搬运石料时，应先检查石块有无断裂危险，抬起高度不宜过高，不得猛起猛落，以防扭腰砸脚。

6）翻滚石料时，要双手抓牢，集中精力，不得站在石块翻转方向；向槽内运料时，不得乱掷乱抛。

7）运输中要跨越的沟槽，应铺宽度为1.5m以上的马道；沟宽如果超过1.5m，则必须由架子工支搭马道。

8）人工垂直往上或往下（深坑）转送砖石时，要搭递转架子，架子的站人板宽度不小于600mm。

（4）砌基础及砌砖

1）砌基础前，必须检查槽壁。如发现土壁水浸、化冻或变形等有坍塌危险时，应采取槽壁加固或清除有坍塌危险的土方等处理措施。对槽边有可能坠落的危险物，要进行清理后，方准操作。

2）槽宽小于1m时，应在砌筑站人的一侧留有40cm的操作宽度。在深基础砌筑时，上下基槽必须设工作梯或坡道。不得任意攀跳基槽，更不得蹬踩砌体或加固土壁的支撑上下。

3）墙身砌体高度超过地坪1.2m以上时，应搭设脚手架。在一层以上或高度超过4m时，采用里脚手架必须支搭安全网；采用外脚手架应设护身栏杆和挡脚板后，方可砌筑。利用原架子作外沿勾缝时，对架子应重新检查及加固。

4）不准站在墙顶上划线、刮缝、清扫墙面及检查大角垂直。

5）不准用不稳固的工具或物体在脚手板面垫高操作，更不准在未经过加固的情况下，在一层脚手架上随意再叠加一层。

6）砍砖时应面向内打，防止碎砖跳出伤人；护身栏上不得坐人；正在砌砖的墙顶上不准行走。

7）在同一垂直面内上下交叉作业时，必须设置安全隔板，下方操作人员，必须配戴安全帽。

8）已砌好的山墙，应临时加联系杆（如檩条等）放置在各跨山墙上，使其稳定，或采取其他有效的加固措施。

9）用锤打石时，应先检查铁锤有无破裂，锤柄是否牢固；打石时对面不准有人，锤把不宜过长。打锤要按照石纹走向落锤，锤口要平，落锤要准，同时要看清附近情况有无危险，然后落锤，以免伤人。石料加工时，应戴防护眼镜，以免石渣进入眼中。

10）不准徒手移动上墙的料石，以免压破或擦伤手指。

11）不准勉强在超过胸部以上的墙体上进行砌筑，以防将墙体碰撞倒塌或上石时失手掉下，造成事故。

12）冬期施工时，脚手板上如有冰霜、积雪，应先清除后才能上架子进行操作。架子上的杂物和落地砂浆等应及时清扫。

（5）砌块体

1）砌块施工宜组织专业小组进行。上班前，对各种起重机具设备、绳索、夹具、临时脚手架以及施工安全设施等进行检查。吊装机械要专人管理，专人操作。

2）吊装砌块和构件时应注意其重心位置，禁止用起重把杆拖运砌块；不得起吊有破裂脱落危险的砌块。起重把杆回转时，严禁将砌块停留在操作人员上空或在空中整修、加工砌块。吊装较长构件时应加稳绳。吊装时不得在其下一层楼内进行任何工作。

3）使用台灵架，应加压重或拴好缆风绳，在吊装时不能超出回转半径拉吊件或材料，以免造成台灵架倾翻等危险事故。

4）砌块一般较大较重，运输时必须小心谨慎，防止伤人。砌块吊装就位时，应待砌块放稳后，方可放开夹具。

5）吊起砌块或构件，回转要平稳，以免重物在空中摇晃，发生坠落事故。砌块吊装的垂直下方一般不得进行其他操作。卸下砌块时，应避免冲击，砌块堆放应尽量靠近楼板的端部，不得超过楼板的承载能力。

6）安装砌块时，不得站在墙身上进行操作，也不要在刚砌的墙上行走。

7）禁止将砌块堆放在脚手架上备用，在房屋的外墙四周应设安全网。网在屋面工程未完工之前，屋檐下的一层安全网不得拆除。

8) 冬期施工，应在班前清除附着在机械、脚手板和作业区内的积雪、冰霜。严禁起吊同其他材料冻结在一起的砌块和构件。

9) 当遇到下列情况时，应停止吊装工作：

① 因刮风，使砌块和构件在空中摆动不能停稳时；

② 噪声过大，不能听清指挥信号时；

③ 起吊设备、索具、夹具有不安全因素而没有排除时；

④ 大雾或照明不足时。

十四、砌筑工程工料计算

砌筑工程的工料计算是指完成某一分部分项工程时所需要的人工和材料的计算。

(一) 工料计算依据及分项工程划分

1. 工料计算依据

(1) 编制砌筑工程的人工和材料用量，应依据下列文件：

1)《全国统一建筑工程基础定额》(土建)。

2)《全国统一建筑工程预算工程量计算规则》(土建工程)。

3) 建筑工程施工图及其索引标准设计图。

4) 经审定的施工组织设计或施工技术措施方案。

5) 经审定的其他有关技术经济文件。

6) 有关数学运算公式及图表。

7) 建筑材料使用手册等。

(2) 工程量计算单位

各分部分项工程的工程量计算单位应按下列规定：

1) 以体积计算的为立方米 (m^3)。

2) 以面积计算的为平方米 (m^2)。

3) 以长度计算的为米 (m)。

4) 以重量计算的为吨或千克 (t 或 kg)。

5) 以件 (个或组) 计算的为件 (个或组)。

6) 以人工消耗量计算的为工日。

汇总工程量和人工工日消耗量时,其准确度取值:立方米、平方米、米、综合工日以下取两位;吨以下取三位;千克、件取整数。

各分部分项工程的工程量计算结果的计量单位应与相应定额表上的计量单位相一致。

2. 分项工程划分

按照《全国统一建筑工程基础定额》和《建筑工程施工质量验收统一标准》(GB 50300—2001)规定:砌体结构工程子分部划分为砖砌体、石砌体、混凝土小型空心砌块砌体、填充墙砌体、配筋砖砌体五个分项工程;屋面及防水工程子分部划分为瓦屋面、防水、变形缝三个分项工程。

砌砖分项工程划分为砖基础、砖墙、空斗墙、空花墙、填充墙、砌块墙、围墙、砖柱、砖烟囱、水塔等十二个子目。砌石分项工程划分为基础、勒脚、墙、柱、护坡等六个子目。瓦屋面分项工程划分为小青瓦、粘土瓦、水泥瓦、小波石棉瓦、大波石棉瓦、金属压型板屋面等六个子目。

3. 基础与墙体划分

基础与墙体(或柱体)使用同一种材料时,以设计室内地面为界(有地下室者,以地下室设计室内地面为界),以下为基础,以上为墙体。基础与墙体(或柱体)使用不同材料时,位于设计室内地面±300mm 以内,以不同材料为分界;超过±300mm,以设计室内地面为分界。

砖、石围墙,以设计室外地坪为界,以下为基础,以上为墙体。

4. 工料计算方法

(1)分项子目的材料用量和人工工日计算

砌筑工程的材料用量和人工工日,应根据设计图纸(或实际测量尺寸）计算各分部分项子目的工程量，查取《全国统一建筑工程基础定额》中所列各分部分项子目的材料定额和人工定额，按下式计算出各子目的材料用量和人工工日。

$$材料用量＝工程量×相应材料定额$$

$$人工工日＝工程量×综合人工定额$$

$$工作天数＝人工工日数/每天工作人数$$

（每天按一班 8h 工作时间计算）

（2）分部工程的材料用量和人工工日计算

各分部工程的材料用量和人工工日按下式计算：

$$分部工程材料用量＝\Sigma 各子目材料用量$$

$$分部工程人工工日＝\Sigma 各子目人工工日$$

（3）组成材料用量计算

如果某种材料是由几种材料配合而成，应根据其配合比，分别计算出组成原材料的用量，即：组成材料用量＝混合材料用量×相应的配合比。相同品种、规格的材料应相加汇总。

各种常用水泥砂浆、水泥混合砂浆、石灰砂浆、黏土砂浆的配合比见表 14-1～表 14-3。

1m³ 水泥砂浆、素水泥浆配合比　　　　表 14-1

材料名称	单位	水泥砂浆强度等级					素水泥浆
		M2.5	M5	M7.5	M10	M15	
32.5 级水泥	kg	150	210	268	331	445	1517
中砂（干净）	m³	1.02	1.02	1.02	1.02	1.02	—
水	m³	0.22	0.22	0.22	0.22	0.22	0.52

1m³ 水泥混合砂浆配合比　　　　表 14-2

材料名称	单位	水泥混合砂浆强度等级				
		M1	M2.5	M5	M7.5	M10
32.5 级水泥	kg	—	117	194	261	326
中砂（干净）	m³	1.02	1.02	1.02	1.02	1.02
石灰膏	m³	0.23	0.18	0.14	0.09	0.04
水	m³	0.60	0.60	0.40	0.40	0.40

1m³ 石灰砂浆、黏土砂浆、大泥浆配合比　　表 14-3

材料名称	单位	石灰砂浆		石灰粘土砂浆	粘土砂浆	水玻璃磨细矿渣粉粘结剂	大泥浆
		1:3	1:4	1:0.3:4	1:4	1:1:4	
石灰膏	m³	0.34	0.25	0.25	—	—	—
黏土膏	m³	—	—	0.05	0.26	—	1.01
中砂(干净)	m³	0.96	0.98	0.98	1.02	1.02	—
水玻璃	m³	—	—	—	—	363	—
磨细矿渣粉	kg	—	—	—	—	381	—
水	m³	0.60	0.60	0.80	0.40	—	0.30

（二）砌砖工程工料计算

1. 砖基础

（1）工程量计算

1）砖基础工程量按其体积计算，不扣除基础大放脚 T 形接头处的重叠部分以及嵌入基础的钢筋、铁件、管道、基础防潮层和单个面积在 0.3m² 以内孔洞所占体积，但靠墙暖气沟的挑檐亦不增加。附墙垛基础宽出部分的体积并入基础工程量内。

2）带形基础体积等于基础断面积乘以基础长度。基础长度：外墙基础按外墙中心线长度计算；内墙基础按内墙的净长计算。

基础断面积可按下式之一计算：

砖基础断面积＝基础深度×墙厚＋大放脚断面积

砖基础断面积＝（基础深度＋大放脚折加高度）×墙厚

大放脚断面积及大放脚折加高度可根据大放脚形式、大放脚错台层数、墙厚从表 14-4 及表 14-5 查得。

等高式基础大放脚折加高度（m）　　表 14-4

墙厚	大放脚错台层数					
	一	二	三	四	五	六
	折加高度					
1/2 砖	0.137	0.411	0.822	1.369	2.054	2.876
1 砖	0.066	0.197	0.394	0.656	0.984	1.378

墙厚	大放脚错台层数					
	一	二	三	四	五	六
	折加高度					
$1\frac{1}{2}$砖	0.043	0.129	0.259	0.432	0.647	0.906
2 砖	0.032	0.096	0.193	0.321	0.482	0.675
$2\frac{1}{2}$砖	0.026	0.077	0.154	0.256	0.384	0.538
3 砖	0.021	0.064	0.128	0.213	0.319	0.447
大放脚断面积(m²)	0.01575	0.04725	0.0945	0.1575	0.2363	0.3308

注：本表按标准砖双面放脚每层126mm，砌出62.5mm计算。

不等高式砖基础大放脚折加高度（m） 表 14-5

墙厚	大放脚错台层数								
	一	二	三	四	五	六	七	八	九
	折加高度								
1/2 砖	0.137	0.342	0.685	1.096	1.643	2.260	3.013	3.835	4.794
1 砖	0.066	0.164	0.328	0.525	0.788	1.083	1.444	1.838	2.297
$1\frac{1}{2}$砖	0.043	0.108	0.216	0.345	0.518	0.712	0.949	1.208	1.510
2 砖	0.032	0.080	0.161	0.257	0.386	0.530	0.707	0.900	1.125
$2\frac{1}{2}$砖	0.026	0.064	0.128	0.205	0.307	0.419	0.563	0.717	0.896
3 砖	0.021	0.053	0.106	0.170	0.255	0.351	0.468	0.596	0.745
大放脚断面积(m²)	0.0158	0.0394	0.0788	0.1260	0.1890	0.2599	0.3464	0.4410	0.5513

注：1. 本表高的一层按126mm，低的一层按63mm，间隔砌出62.5mm，而且以最下一层高度为126mm计算；

2. 独立砖基础体积等于柱柱基础体积加上四周大放脚的体积。柱基础体积等于柱断面积乘以基础深度；

3. 附墙垛砖基础体积等于垛基础体积加上两面大放脚的体积，垛基础体积等于垛断面积乘以基础深度。

【例】砖基础深1.2m，墙厚1砖，等高式大放脚三层，求该砖基础的断面积。

【解】查表14-4等高式砖基础大放脚断面看只为0.0945m²，折加高度为0.394m。

砖基础断面积按公式计算如下：

砖基础断面积＝基础深度×墙厚＋大放脚断面积

$$=1.2×0.24+0.0945=0.38125m^2$$

或 砖基础断面积＝（基础深度＋大放脚折加高度）×墙厚

$$=(1.2+0.394)×0.24=0.3825m^2$$

该砖基础的断面积为0.3825m²。

242

（2）工作内容

砌砖基础的工作内容包括：调运砂浆，铺砂浆，运砖，清理基槽坑，砌砖等。

2. 砖墙

（1）工程量计算

1）砖墙的工程量按其体积计算。砖墙体积等于砖墙长度乘以砖墙高度再乘砖墙厚度。

计算墙体时，应扣除门窗洞口、过人洞、空圈、嵌入墙内的钢筋混凝土柱、梁（包括过梁、圈梁、挑梁）、砖平碹、平砌砖过梁和暖气包壁龛及内墙板头的体积；不扣除梁头、外墙板头、檩头、垫木、木楞头、沿椽木、木砖、门窗走头、砖墙内的加固钢筋、木筋、铁件、钢管及单个面积在 0.3m² 以下的孔洞等所占的体积；亦不增加突出墙面的窗台虎头砖、压顶线、山墙泛水、烟囱根、门窗套及三皮砖以内的腰线和挑檐等体积。

砖垛、三皮砖以上的腰线和挑檐等体积，并入墙身体积内计算。附墙烟囱（包括附墙通风道、垃圾道）按其外形体积计算，并入所依附的墙体积内，不扣除每个孔洞断面积在 0.1m² 以下的体积，但孔洞内的抹灰工程量亦不增加。女儿墙分别不同墙厚并入外墙计算。

2）砖墙的长度：外墙长度按外墙中心线长度计算，内墙长度按内墙净长度计算。

3）砖墙高度按下列规定计算：

① 外墙高度：斜（坡）屋面无檐口顶棚者算至屋面板底；有屋架，且室内外均有顶棚者算至屋架下弦底面另加 200mm，无顶棚者算至屋架下弦底面另加 300mm；出檐宽度超过 600mm 时，应按实砌高度计算；平屋面算至钢筋混凝土板底面。

② 内墙高度：位于屋架下弦者算至屋架底面；无屋架者算至顶棚底面另加 100mm；有钢筋混凝土楼板隔层者算至板底面；有框架梁者算至梁底面。

③ 内、外山墙高度：按其平均高度计算。

4）砖墙厚度：使用标准砖（240mm × 115mm × 53mm）时，砖墙计算厚度按表 14-6 所列。使用非标准砖时，砖墙厚度应按所用的砖实际规格和设计厚度计算。

标准砖砌体计算厚度　　　　　　　　　　　　　　表 14-6

砖数（厚度）	1/4	1/2	3/4	1	1.5	2	2.5	3
计算厚度(mm)	53	115	180	240	365	490	615	740

5）框架间砖墙的工程量，分别内外墙以框架间的墙面净面积乘以墙厚计算。框架外表镶贴砖部分亦并入框架间砖墙工程量内计算。

6）砖平碹过梁按图示尺寸以立方米计算，即砖平碹过梁长度乘以碹高再乘以墙厚。如设计无规定时，砖平碹长度按门窗洞口宽度加 100mm。平碹高度：门窗洞口宽小于 1500mm 时，高度为 240mm；门窗洞口宽大于 1500mm，高度为 365mm。

7）平砌砖过梁按图示尺寸以立方米计算，即平碹砖过梁长度乘以过梁高度再乘以墙厚。如设计无规定时，平砌砖过梁长度按门窗洞口宽度加 500mm，高度为 440mm。

8）砖围墙的工程量按其面积计算，即围墙长度乘以高度，扣除门洞的面积。不同厚度的围墙应分别计算其工程量。

（2）工作内容

1）砌砖墙的工作内容包括：调运砂浆、铺砂浆、运砖、砌砖（包括窗台虎头砖、腰线、门窗套）、安放木砖、安放铁件等。

2）砌砖平碹、平砌砖过梁的工作内容包括：调运砂浆，铺砂浆，运砖，砌砖，模板制作、安装、拆除，钢筋制作、安装等。

3. 空斗墙、空花墙

（1）工程量计算

1）空斗墙按外形尺寸以立方米计算，墙角、内外墙交接处、门窗洞口立边、窗台砖及屋檐处的实砌部分已包括在定额内，不另行计算；但窗间墙、窗台下、楼板下、梁头下等实砌部分，应另行计算，套零星砌体定额项目。

2）空花墙按空花部分外形体积以立方米计算，空花部分不予扣除，其中实体部分以立方米另行计算。

（2）工作内容

砌空斗墙、空花墙的工作内容包括：调运砂浆、铺砂浆、运砖、砌砖（包括窗台虎头砖、腰线、门窗套）、安放木砖及铁件等。

4. 多孔砖墙、空心砖墙、填充墙

（1）工程量计算

1）多孔砖、空心砖墙按图示厚度以立方米计算，不扣除其孔、空心部分体积。

2）填充墙按外形尺寸以立方米计算，其中实砌部分已包括在定额内，不另行计算。

（2）工作内容

砌多孔砖、空心砖墙和填充墙的工作内容包括：调运砂浆、铺砂浆、运砖、砌砖（包括窗台虎头砖、腰线、门窗套）、安放木砖和铁件等。

5. 砖柱

（1）工程量计算

砖柱的工程量按其体积以立方米计算，即柱的断面面积乘以柱高。柱高从下层地面算至上层地面，扣除梁头所占体积。

（2）工作内容

砌砖柱的工作内容包括：调运砂浆、铺砂浆、运砖、砌砖、安放木砖和铁件等。

6. 砖烟囱

（1）工程量计算

砖烟囱应分别计算其筒身、内衬、烟道的工程量。

1) 筒身的工程量按其体积计算，即筒壁平均中心线周长乘以厚度再乘以高度，扣除筒身各种孔洞，钢筋混凝土圈梁、过梁等所占体积。筒壁周长不同时，按下式分段计算：

$$V = \sum H \times C \times \pi D$$

式中　　V——筒身体积；

　　　　H——每段筒身垂直高度；

　　　　C——每段筒壁厚度；

　　　　D——每段筒壁中心线的平均直径。

2) 内衬的工程量按其实砌体积计算，即内衬平均周长乘以厚度再乘以高度，扣除各种孔洞体积。不同内衬材料应分别计算其工程量。

3) 烟道与炉体的划分以第一道闸门为界，炉体内的烟道部分列入炉体工程量计算。烟道的工程量按不同烟道材料并扣除孔洞后，以实砌体积计算，即烟道断面面积乘以长度。

（2）工作内容

砌砖烟囱的工作内容包括：

筒身：调运砂浆、砍砖、砌砖、原浆勾缝、支模出檐、安爬梯、烟囱帽抹灰等。

内衬、烟道：调运砂浆、砍砖、砌砖、内部灰缝刮平、填充隔热材料等。

7. 砖水塔

（1）工程量计算

砖水塔应分别计算塔身、水箱的工程量。

1) 水塔基础与塔身的划分：以砖砌体的扩大部分顶面为界，以上为塔身，以下为基础，分别套用相应的基础砌体定额。

2) 塔身的工程量按实砌体积计算，即塔身的中心线周长乘以砖壁厚度再乘以高度，扣除塔身中门窗洞口和混凝土构件所占体积，砖平碹及砖出檐等并入塔身体积内计算，套水塔砌筑定额。

3）砖水箱内外壁，不分壁厚，均以图示实砌体积计算，套相应的内外砖墙定额。

（2）工作内容

砖砌水塔的主作内容包括：调运砂浆、砍砖、砌砖、原浆勾缝、制作安装及拆除门窗碹胎模等。

8. 其他砖砌体

（1）工程量计算

1）砖砌锅台、炉灶，不分大小，均按图示外形尺寸以立方米计算，不扣除各种空洞体积。

2）砖砌台阶（不包括梯带）按水平投影面积以平方米计算。

3）砖砌检查井及化粪池不分壁厚均按其实砌体积计算，洞口上的砖平碹并入砌体内计算。

4）砖砌地沟不分墙基、墙身，合并按其实砌体积计算。

5）厕所蹲台、水槽腿、灯箱、垃圾箱、台阶挡墙或梯带、花台、花池、地垄墙及支撑地楞的砖墩，房上烟囱、屋面架空隔热层砖墩及毛石墙的门窗立边、窗台虎头砖等实砌体积，以立方米计算，套用零星砌体定额项目。

（2）工作内容

其他砖砌体的工作内容包括：调运砂浆、铺砂浆、运砖、砌砖。

（三）砌石工程工料计算

1. 基础、勒脚

（1）工程量计算

石基础的工程量按其体积计算，计算方法同砖基础。不同石材应分别计算其工程量。

石勒脚的工程量按其体积计算，即勒脚面积乘以厚度。不同石材应分别计算其工程量。

（2）工作内容

砌石基础、石勒脚的工作内容包括：运石、调运砂浆、铺砂浆、砌石等。

2. 墙、柱

（1）工程量计算

1）石墙的工程量按其体积计算，计算方法同砖墙。不同石材应分别计算其工程量。

2）石挡土墙的工程量按其体积计算，即挡土墙断面面积乘以长度，不扣除泄水口所占体积，不同石材应分别计算其工程量。

3）石柱的工程量按其体积计算，即柱断面面积乘以柱高，扣除梁头所占体积。

4）毛石地沟的工程量按其体积计算。料石地沟的工程量按其实砌长度计算。

（2）工作内容

砌石墙、石柱、石挡土墙、石地沟的工作内容包括：运石、调运砂浆、铺砂浆、砌石、平整墙角及门窗洞口处的石料加工等。

3. 护坡

（1）工程量计算

石护坡的工程量按其实砌体积计算，即护坡面积乘以护坡平均厚度。不同砌筑方法应分别计算其工程量。

（2）工作内容

砌毛石护坡的工作内容包括：调运砂浆、砌石、铺砂、勾缝等。

4. 窨井、水池、石踏步

（1）工程量计算

粗料石砌窨井的工程量按其实砌体积计算。

细料石砌水池的工程量按其实砌体积计算。

料石砌踏步的工程量按踏步的长度计算。

石墙面勾缝及水池墙面开槽勾缝的工程量均按墙面面积计算。

料石墙勾缝应按不同勾缝形式分别计算其工程量。

石表面倒水扁光的工程量按不同斜面长度以倒水扁光的长度计算。

整石扁光的工程量，按石材扁光的面积计算。

钉麻石的工程量，按石材钉麻石的面积计算，不同粗、细面应分别计算其工程量。

打钻路的工程量，按打钻路的面积计算。

（2）工作内容

砌窨井、水池、石踏步的工作内容包括：翻楞子，天地座打平，运石，调、运、铺砂浆，安铁梯及清理石渣；洗石料；基础夯实，扁钻缝，安砌等。

石墙勾缝、水池墙面开槽勾缝的工作内容包括：剔缝，洗刷，调运砂浆，勾缝等。

石表面扁光、钉麻石的工作内容包括：划线，扁光，打钻路，打麻石等。

（四）砌小砌块工程工料计算

1. 工程量计算

小型空心砌块墙、硅酸盐砌块墙、加气混凝土砌块墙的工程量，按图示尺寸以立方米计算，按设计规定需要镶嵌砖砌体部分已包括在定额内，不另计算。

2. 工作内容

砌小砌块墙的工作内容包括：调运砂浆、铺砂浆、运砌块、砌小砌块（包括窗台虎头砖、腰线、门窗套）、安放木砖及铁件等。

（五）瓦屋面工程工料计算

1. 工程量计算

瓦屋面的工程量按图 14-1 中尺寸的水平投影面积（包括挑檐部分）乘以屋面坡度系数，以平方米计算。不扣除房上烟囱、风帽底座、风道、屋面小气窗、斜沟等所占面积，亦不增加屋面小气窗的出檐部分。

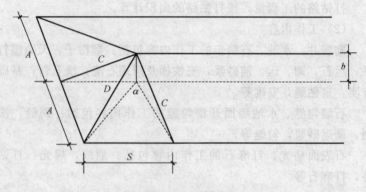

图 14-1　瓦屋面

注：1. 两坡排水屋面面积为屋面水平投影面积乘以延尺系数 c；

2. 四坡排水屋面斜脊长度＝$A \times D$（当 $S = A$ 时）；

3. 沿山墙泛水长度＝$A \times C$。

不同瓦材、铺设基层材料应分别计算其工程量。

2. 工作内容

（1）瓦屋面的工作内容包括：铺瓦、调制砂浆、安脊瓦、檐口梢头坐灰等。

（2）石棉瓦屋面的工作内容包括：檩条上铺钉石棉瓦、安脊瓦等。

250

十五、班组管理知识

班组管理就是把工人、劳动手段和劳动对象三者科学地结合起来，进行合理分工、搭配、协作，使之能够在劳动中发挥最大效率，通过科学管理的手段、采用先进施工工艺和操作技术，优质快速均衡安全地完成生产任务，故是一项综合性管理。

班组又是两个文明建设、培养和锻炼工人队伍的主要阵地。工人队伍的培训，许多方面是通过岗位练兵、学徒培训等方式在班组进行的。

（一）班组管理的内容

管理内容大致有八项：

（1）根据施工计划，有效地组织生产活动，保证全面完成上级下达的施工任务。

（2）坚持实行和不断完善以提高工程质量、降低各种消耗为重点的经济责任制和各种管理制度，抓好安全生产和文明施工及维护施工所必须的正常秩序。

（3）积极组织职工参加政治、文化、技术、业务学习，不断提高班组成员的政治思想水平和技术水平，增加工作责任心，提高班组的集体素质和人员的个人素质。

（4）广泛开展技术革新和岗位练兵活动，开展合理化建议活动，并努力培养"一专多能"的人才和操作技术能手。

（5）积极组织和参加劳动竞赛，扩大眼界、学习技术，在组内开展比、学、赶、帮活动。

（6）加强精神文明建设，搞好团结互助。

（7）开展和做好班组施工质量和安全管理。

（8）开好班组会，善于总结工作积累原始资料，如班组工作小组、施工任务书、考勤表、材料限额领料单、机械使用记录表、分项工程质量检验评定表等原始资料。

（二）班组的各项管理

1. 生产计划管理

班组计划管理的内容有：

（1）施工班组接受任务后，向班组成员明确当月、当旬生产计划任务，组织成员熟悉图纸、工艺、工序要求，质量标准和工期进度、准备好所需要使用的机具和工程用的材料等，为完成生产任务做好一切准备工作。

（2）组织班组成员实施作业计划，抓好班组作业的综合平衡和劳动力调配。

2. 班组的技术管理

（1）施工员进行技术交底

在单位工程开工前和分项工程施工前，施工员均要向班组长和工人进行技术交底。这是技术交底最关键的一环。交底的主要内容有：

1）贯彻施工组织设计、分部分项工程的有关技术要求。

2）将采取的具体技术措施和图纸的具体要求。

3）明确施工质量要求和施工安全注意事项。

（2）班组内部技术交底

在施工员交底后，班组长应结合具体任务组织全体人员进行具体分工，明确责任及相互配合关系，制订全面完成任务的班组计划。

（3）班组技术管理工作

班组的技术管理工作，主要由班组长全面负责，主要内容如下：

1）组织组员学习本工种有关的质量评定标准、施工验收规范和技术操作规程，组织技术经验交流。

2）学懂设计图、掌握工程上的轴线、标高、洞口等位置及其尺寸。

3）对工程上所用的砂、石、砖、水泥等原材料质量及砂浆、混凝土配合比，如发现有问题，应及时向施工员反映，严格把好材料质量使用关。

4）积极开动脑筋，找窍门，挖潜力，小改小革，提合理化建议等，不断提高劳动生产率。

5）保存、归集有关技术交底、质量自检及施工记录、机械运转记录等原始资料，为施工员收集工程资料提供原始依据。

3. 班组的质量管理

施工班组质量管理的主要内容有：

（1）树立"质量第一"和"谁施工谁负责工程质量"的观念，认真执行质量管理制度。

（2）严格按图、按施工验收规范和质量检验评定标准施工，确保工程质量符合设计要求。

（3）开展班组自检和上下工序互检工作，做到本工序不合格不交下道工序施工。

（4）坚持"五不"施工。即质量标准不明确不施工；工艺方法不符合标准不施工；机具不完好不施工；原材料不合格不施工；上道工序不合格不施工。

（5）坚持"四不"放过。即质量事故原因没查清不放过；无防范措施或未落实不放过；事故负责人和群众没有受到教育不放过；责任人未受到处罚不放过。

4. 班组的安全管理

砌筑工施工操作，现场环境复杂，劳动条件较差，不安全、不卫生的因素多，所以安全工作对施工班组尤为重要，为此施工班组要做好如下几项安全工作：

（1）项目上施工员在向班组进行技术交底的同时，必须要交待安全措施，班组长在布置生产任务的同时也必须交待安全事项。

（2）班组内设立兼职安全员，在班前班后要讲安全，并要经常性地检查安全，发现隐患要及时解决，思想不得麻痹。

（3）定期组织班组人员学习安全知识，安全技术操作规程和进行安全教育。

（4）严格实行安全施工，认真执行有关安全方面的法规。

5. 班组经济核算、经济分配与民主管理

（1）班组的原始记录主要是任务书上的各项内容，包括实际完成工程量、实际用工数、质量与安全情况、考勤表、限额领料单、节余退回量、机械使用台班、工具消起量、周转材料的节约或超量等原始记录。这些原始资料，由班组核心人员分工负责记录，并由核算员负责班组内部的初步核算，这些资料是向施工队结算的依据，也是班组民主分配的基础，原始资料一定要实事求是、真实可靠。

（2）班组的经济分配是班组管理的一项重要内容，它关系到每个工人的切身利益。班组经济分配的合理与否，将影响班组人员内部的团结，影响各组员的生产劳动积极性，给完成任务带来不同的后果。

目前的工资形式，主要有计时工资与计件工资两种，计时工资级别由班组长与组员双方协商决定日工资的多少，或实行同工同酬；计件工资按完成工程量多少，兼顾质量、安全情况支付工资。一般先发给组员每月的生活费，最后一次付清。

为了分配合理，搞好班组分配，重要的是要集体研究商定实行民主管理，做到五个公开，即报酬的来源公开、报酬的数量公开、考勤公开、分发的依据和办法公开、每个人所得报酬的数公

开，并做表登记、签字认领、上报备查和公布于众。

（3）民主管理

班组的民主管理是搞好班组管理的一种基本的有效办法。班组长是整个班组人员的领头人，必须发扬民主的工作作风，要放手发动群众，调动大家的积极性，充分发挥主观能动作用，才能达到提高劳动生产率和经济效益的目的。

（三）砌筑工与其他工种的关系

房屋建筑施工是一项综合性很强的工作，工序多，牵涉到的工种也多，而工种间相应穿插的情况也多，砌筑工在工作中常会与木工、钢筋工、混凝土工、架子工、水暖工、电工等工种发生生产的配合和交插。

砌筑工与其他工种的协作配合是相当重要的。因而在进度上砌筑工和其他工种是需要紧密配合的。另外，砌筑质量应符合《砌体工程施工质量验收规范》（GB 50203—2002）和《建筑工程施工质量验收统一标准》（GB 50300—2001）的要求。如果砌筑砖墙垂直偏差大，墙面不平整，造成粉刷厚度增加，这样既增加了抹灰工的工作量，又浪费了施工材料；如果门窗口留得过大，使两侧的粉刷量增多；门窗口留小又要凿墙，增加人工费并给门窗安排带来困难；如果每层砖墙砌筑层高的标高不够，会给木工支模带来困难。所以要求砌筑工保证自身的质量不影响其他工种，又要各工种保证本工程的质量，这样才能使工程质量有所提高，这既是处理工种关系的渠道，也是班组协作管理的一项重要内容。

十六、施工方案的选择

合理选择施工方案是单位工程施工组织设计的核心，是单位工程施工设计中带决策性的重要环节。施工方案包括确定施工程序，施工阶段的划分，施工顺序及流水施工的组织，主要分部分项工程的施工方法。施工方案拟定时一般须对主要工程项目的几种可能采用的施工方法作技术经济比较，然后选择最优方案作为安排施工进度计划、设计施工平面图的依据。在拟定施工方案之前应先研究决定下列几个主要问题：

1. 整个房屋的施工开展程序，施工应划分成几个施工阶段及每个施工阶段中需配备哪些主要机械；

2. 工程施工中哪些构件是现场预制，哪些构件由预制厂供应，工程施工中需配备多少劳动力和设备；

3. 结构吊装和设备安装应如何配合，有哪些协作单位；

4. 施工总工期及完成各主要施工阶段的控制日期。

然后将以上研究决定的主要问题与其他需要解决的有关施工组织与技术问题结合起来，拟定出整个单位工程的施工方案。

（一）确定施工程序

施工程序是指一个单位工程中最大的施工过程或施工阶段间的先后程序间的客观规律。考虑时应注意以下几点：

1. 严格执行开工报告制度。

单位工程开工前必须做好一系列准备工作，具备开工条件后还应写出开工报告，经上级审查批准后才能开工。

2. 遵守"先地下后地上"、"先主体后围护"、"先结构后装修"、"先土建后设备"的一般原则。

3. 应做好土建施工与设备安装的程序安排。

4. 安排好最后收尾工作。

(二) 确定施工起点流向

施工起点流向是指竖向空间及平面空间上施工开始的部位及其流动方向。

对于单层的建筑物，如单层厂房，按其车间、工段或节间，分区分段地确定出平面上的施工流向；对于多层建筑物，除了确定出每层平面上的施工流向外，还要确定竖向的施工流向。例如多层房屋内墙抹灰施工采用自上而下，还是自下而上地进行，它牵涉到一系列施工活动的开展和进程，是组织施工的重要一环。

确定工程施工起点流向时，一般应考虑以下几个因素：

1. 车间的生产工艺过程，往往是确定施工流向的基本因素。

2. 根据建设单位的要求，生产上或使用上要求急的工段或部位先施工。对于高层民用建筑，如饭店、宾馆等，可以在主体结构施工到相当层数后，即进行地面上若干层的设备安装与室内外装饰。

3. 根据单位工程各分部分项施工的繁简程度，一般说，对技术复杂，施工进度较慢，工期长的工段或部位，应先施工。

4. 当有高低层或高低跨并列时，柱的吊装应先从并列处开始；当柱基、设备基础有深浅时，一般说，应按先深后浅的施工方向。屋面防水层的施工，当有高低层（跨）时，应按先高后低的方向施工，一个屋面的防水层，则由槽口到屋脊方向施工。

5. 根据工程条件，选用施工机械，这些机械开行路线或布置位置便决定了基础挖土及结构吊装的施工起点流向。

6. 划分施工层、施工段的部位，如伸缩缝、沉降缝、施工缝等也可决定施工起点流向。

7. 多层砖混结构工程主体结构施工的起点流向，必须从下而上，从平面上看，哪一边先开始均可以。对装饰抹灰来说，外装饰要求从上而下，内装修则可以从下而上、从上而下两种流向。从施工工期要求来说，如果很急，工期短，则内装修宜从下而上地进行施工。

（三）分部分项工程的施工顺序

施工顺序是指分项工程或工序之间的施工先后次序，它的确定既是为了按照客观的施工规律组织施工，也是为了解决工种之间在时间上搭接问题，在保证质量与安全施工的前提下，以期做到充分利用空间、争取时间、缩短工期的目的。

1. 确定施工顺序的基本原则

（1）必须遵守施工工艺的要求

（2）必须考虑施工方法和施工机械的要求

（3）必须考虑施工组织的要求

（4）必须考虑施工质量的要求

（5）必须考虑当地的气候条件

（6）必须考虑安全技术要求

2. 多层砖混结构的施工顺序

多层砖混结构的施工一般可分为：基础（包括地下室结构）、主体、屋面、室内外装修、水电暖卫气等管道与设备安装工程。各施工阶段及其主要施工过程的施工顺序如图 16-1 所示。

（1）基础阶段施工顺序 这个阶段施工过程与施工顺序，一般是：开槽→垫层→基础→防潮层→回填土。这一阶段挖土和垫层在施工安排上要紧凑，时间间隔不能太长，也可将挖土与垫层划分为一个施工过程，避免槽（坑）灌水或受冻，影响地基土承载力，造成质量事故或人工材料浪费。

（2）主体结构施工阶段施工顺序 这个阶段施工过程包括：

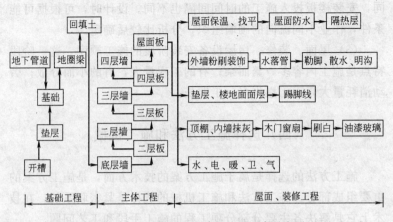

图 16-1 砖混结构住宅建筑施工顺序示意图

搭脚手架及垂直运输设施、砌筑墙体、现浇钢筋混凝土圈梁和雨篷、安装楼板等。在主体结构施工阶段，砌墙和吊装楼板是主要施工过程，它们在各楼层之间先后交替施工，而各层现浇混凝土等分项工程，与楼层施工紧密配合，同时或相继完成。

组织主体结构施工时，尽量设法使砌砖连续施工。通常采用划分流水施工段的方法，就是将拟建工程在平面上划分为两个或几个施工段，组织流水施工。至于吊装楼板，如能设法做到连续吊装，则与砌墙工程组织流水施工；不能连续吊装，则和各层现浇混凝土工程一样，只要与砌墙工程紧密配合，做到砌墙连续进行，可不强调连续作业。

在组织砌墙工程流水施工时，不仅要在平面上划分施工段，而且在垂直方向上要划分施工层，按一个可砌高度为一个施工层，每完成一个施工段的一个施工层的砌筑，再转到下一个施工段砌筑同一施工层，就是按水平流向在同一施工层逐段流水作业。也可以在同一结构层内，由下向上依次完成各砌筑施工层后再流入下一施工段，这就是在一个结构层内采用垂直向上的流水方向的砌墙组织方法。还可以在同一结构层内各施工段间，采用对角线流向的阶段式的砌墙组织方法。砌墙组织的流水方向不

259

同，安装楼板投入施工的时间间隔也不同。设计时，可根据可能条件，作业不同流向的砌墙组织，分析比较后确定。

（3）屋面、装修、房屋设备安装阶段的施工顺序　这一阶段特点是施工内容多，繁而杂；有的工程量大，有的小而分散；劳动消耗量大，手工操作多，工期长。

（四）选择施工方法和施工机械

施工方法的选择是属于施工方案的技术方面，是施工方案的重要组成部分。施工方法和施工机械的选择是紧密联系的，在技术上它是解决各主要分部分项工程的施工手段和工艺问题。

我们仅介绍砌筑工程施工方法和施工机械，其内容和要求如下：

主要是确定现场垂直、水平运输方式和脚手架类型。在砖混结构建筑中，还应就砌砖与吊装楼板如何组织流水作业施工作出安排，以及砌砖与搭架子的配合。

选择垂直运输方式时，应结合吊装机械的选择并充分利用构件吊装机械作一部分材料的运输。当吊装机械不能满足运输量的要求时，一般可采用井架、门架等垂直运输设施，并确定其型号及数量、设置的位置。

选择水平运输方式，如各种运输车（手推车、机动小翻斗车、架子车、构件安装小车等）的型号与数量。

为提高运输效率，还应确定与上述配套使用的专用工具设备，如砖笼、混凝土及砂浆料斗等，并综合安排各种运输设施的任务和服务范围，如划分运送砖、砌块、构件、砂浆、混凝土的时间和工作班次，做到合理分工。

（五）主要技术组织措施

应在严格执行施工验收规范、检验标准、操作规程的前提下，针对工程施工特点，制订下述措施。

1. 技术措施

对新材料、新结构、新工艺、新技术的应用，对高耸、大跨度、重型构件以及深基础、设备基础、水下和软弱地基项目，均应编制相应的技术措施，其内容包括：

（1）需要表明的平面、剖面示意图以及工程量一览表；

（2）施工方法的特殊要求和工艺流程；

（3）水下及冬、雨期施工措施；

（4）技术要求和质量安全注意事项；

（5）材料、构件和机具的特点、使用方法及需用量。

2. 质量措施

保证质量措施，可从以下几方面来考虑：

（1）确保定位放线、标高测量等准确无误的措施；

（2）确保地基承载力及各种基础、地下结构施工质量的措施；

（3）确保主体结构中关键部位施工质量的措施；

（4）确保屋面、装修工程施工质量的措施；

（5）保证质量的组织措施（如人员培训、编制工艺卡及质量检查验收制度等）。

3. 安全措施

保证安全施工的措施，可从下述几方面来考虑：

（1）脚手架、吊篮、安全网的设置及各类洞口、临边防止人员坠落的措施；

（2）外用电梯、井架及塔吊等垂直运输机具拉结要求和防倒塌措施；

（3）安全用电和机电设备防短路、防触电的措施；

（4）易燃易爆有毒作业场所的防火、防爆、防毒措施；

（5）季节性安全措施，如雨期的防洪、防雨，夏期的防暑降温，冬期的防滑、防火等措施；

(6) 现场周围通行道路及居民保护隔离措施；

(7) 保证安全施工的组织措施，如安全宣传、教育及检查制度等。

4. 降低成本措施

应根据工程情况，按分部分项工程逐项提出相应的节约措施，计算有关技术经济指标，分别列出节约工料数量与金额数字，以便衡量降低成本效果。其内容包括：

(1) 综合利用吊装机械，减少吊次，以节约台班费；

(2) 砂浆中掺外加剂或掺合料，以节约水泥；

(3) 构件及半成品采用预制拼装、整体安装的方法，以节约人工费、机械费等。

5. 现场文明施工措施

文明施工或场容管理一般包括以下内容：

(1) 施工现场围栏与标牌设置，出入口交通安全，道路畅通，场地平整，安全与消防设施齐全；

(2) 临时设施的规划与搭设，办公室、宿舍、更衣室、食堂、厕所的安排与环境卫生；

(3) 各种材料、半成品、构件的堆放与管理；

(4) 散碎材料、施工垃圾的运输及防止各种环境污染；

(5) 成品保护及施工机械保养。

（六）砖基础施工组织设计实例

前面已简单叙述了施工方案的基本知识，为了使大家对施工方案有一个直观、完整的认识，并结合砌筑工工种应知的需要，现举一砖混结构中砖基础分项工程的施工方案实例，以供参考。

1. 工程概况

本工程位于某市郊区，是一个厂的办公楼，建筑面积1242.84m²，平面形状为长方形，长 49.44m，宽 9.24m，共 3

层，总高为 10.5m，工程结构为砖混结构。基础采用砖砌大放脚条形基础，下部为浇筑混凝土砌垫层，基础埋深为－1.2m，基础用黏土砖，强度等级为 MU7.5，砂浆用 M5 的水泥砂。

施工期限从挖土开始到回填土要求不超过 20 天。

根据当地气候资料该月气温约 5～20℃，土为Ⅱ类土，地下水位于－2.5m 处，故施工期间不需采用任何特殊措施，当地主导风向为西南风。

施工中所需电力、给水均从已故有的电网、水道中引出，劳动力充足，工地西侧南侧有市郊公路，便于运输。施工中所用的材料均可用该公路直接运进工地。

全部预制构件均在场外生产，现场不设置加工厂，并在现场不考虑工人的临时住房和食堂。

2. 基础施工顺序及流水段划分

（1）本工程基础平面图及剖面图，如图 16-2 所示。

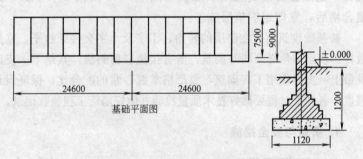

图 16-2　基础平面情况

（2）基础施工程序为：开挖基槽→浇筑混凝土垫层→砌砖基础墙基→防潮层→回填土。

（3）流水段划分：为了加快工程进度，缩短工期，本工程采用流水施工方法组织施工生产。

本工程分二个施工段，即分东西二个段流水，自西向东进行。基本能达到工程量相等，劳动力也相等，如图 16-3 所示。

263

图 16-3　流水段划分

3. 砖基础的施工方法及技术措施

（1）施工方法：由于基础埋置深度较浅，故采用人工直壁开挖基槽土方，不加工作面。为节约垫层支模及挖土方量，混凝土垫层原槽灌密实，控制厚度。砌筑砖基础时，立小皮数杆控制标高。基槽两边对称回填土，多余土方在挖土开始时就采用人工推车外运至预定的凹坑内作为弃土。

（2）技术措施：为保证土方工程的施工安全，槽边土堆离槽口 1m 左右，为防止某些槽边塌土，可准备若干木板及短支撑备用。由于混凝土垫层为原槽浇灌，故挖槽时应保证基槽断面的准确性，挖土深度控制应用水准仪每隔 3～5m 测设一水平桩，验槽合格后，立即组织垫层施工。

砖基础砌筑前应在垫层的转角、丁字及十字交接处抄平、立皮数杆、基础四角必须同时砌筑，所有接搓应留斜搓，其最下一皮砖及最上一皮砖应用丁砖砌筑，要严格掌握砂浆的配合比，保证设计强度，各施工过程要做好技术质量检验并做好隐蔽工程验收记录。

4. 质量与安全措施

（1）保证质量措施

1）对基础工程的每项施工过程，在施工前进行技术交底。

2）施工班组要加强自检、互检和交接验收，基础的大角，要选技术较高的人员砌筑。

3）要严格对各种原材料进行质量检验，对砖和水泥要做到无出厂合格证及试验单的不采用。砂浆搅拌一定要计量准确，搅拌均匀，保证质量。

（2）安全措施

1）各个施工过程、每个操作人员要严格执行本工种的安全施工操作规程。

2）新工人进场要做好三级安全教育。

3）进入工地，必须戴安全帽。

4）基槽施工现场应设置围栏，夜间设有指示灯及照明，防止人员坠落入坑。

5）加强现场管理，做到活完场清，文明施工。并禁止非施工人员随意进入现场。

5. 施工进度表

施工进度表，见表 16-1 所示。

基础工程流水施工进度表　　　　　　　　　　　表 16-1

项次	分部分项工程名称	工程量单位	工程量数量	定额	劳动量总量(工日)	劳动量每段量(工日)	每班工人数	工作天数	进度日程 3月份
1	土方开挖	m³	406	0.21 工日/m³	85.26	42.6	14	6	Ⅰ 11–14, Ⅱ 15–18
2	混凝土垫层	m³	78.2	0.85 工日/m³	66.47	33.2	11	6	Ⅰ 14–17, Ⅱ 18–21
3	砌砖基础	m³	80	1.21 工日/m³	96.8	48.4	16	6	Ⅰ 17–20, Ⅱ 21–24
4	防潮层	m²	56	0.72 工日/m³	4.03	4.0	1	6	Ⅰ 23–26, Ⅱ 24–27
5	回填土	m³	248	0.22 工日/m³	54.56	27.3	9	6	Ⅰ 24–27, Ⅱ 25–28

劳动力消耗动态图

人数 30 25 20 15 10 5 0

265

6. 施工平面布置图（图16-4）

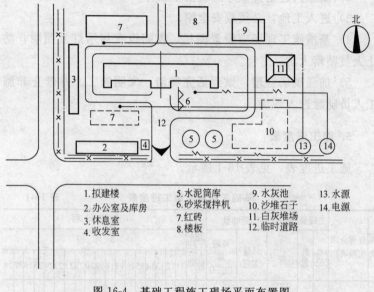

1. 拟建楼　　　5. 水泥筒库　　　9. 水灰池　　　13. 水源
2. 办公室及库房　6. 砂浆搅拌机　　10. 沙堆石子　14. 电源
3. 休息室　　　7. 红砖　　　11. 白灰堆场
4. 收发室　　　8. 楼板　　　12. 临时道路

图16-4　基础工程施工现场平面布置图

（1）拟建楼的西侧、南侧都临近市郊公路，临时道路通过主要出入口与南侧市郊公路相接，故材料运输、交通都比较方便。

（2）临时收发室、办公室、工人休息室设在拟建建筑物的西南侧，靠近公路，便于上下班。

（3）灰浆搅拌机设在南面，其所用的砂、水泥也相应布置在南面，化灰池靠近石灰堆场，石灰堆放的位置考虑放在下风口，离办公室、休息室稍远。

（4）砖的堆放布置在拟建筑物南北二侧，计划用砖42160块，数量不大，一次进场。

（5）水泥库采用散装筒库2只，集中设置，便于加强管理。

（6）水电管线由甲方提供，电源和水源接通即可利用。

266

7. 材料、机具需用量计划

材料、机具需用量计划，见表 16-2 所示。

材料、机具需用量计划   表 16-2

序号	材料名称	规格	需用量		使用时间
			单位	数量	
1	石灰	粉	t	14.0	3.14～3.19
2	砂	粗	t	28.0	3.14～3.19
3	中砂	中	t	30.0	3.17～3.25
4	碎石	0.5～5cm	t	55.8	3.14～3.19
5	红砖	240×120×53	石块	421.6	3.17～3.25
6	水泥	325	t	7.2	3.20～3.26
7	防水粉		kg	77	3.11～3.28
8	砂浆搅拌机		台	1	

参 考 文 献

1　建筑工程施工质量验收统一标准（GB 50300—2001）．北京：中国建筑
　　工业出版社，2001

2　砌体工程施工质量验收规范．（GB 50203—2002）．北京：中国建筑工业
　　出版社，2002

3　郭斌主编．砌筑工．北京：机械工业出版社，2005

4　建设部人事教育司组织编写．砌筑工．北京：中国建筑工业出版
　　社，2002

5　中国建筑总公司组织编写．建筑砌体工程施工工艺标准．北京：中国建
　　筑工业出版社，2003

6　中国建设监理协会组织编写．建设工程质量控制．北京：中国建筑工业
　　出版社，2002

7　廖代广主编．土木工程施工技术．武汉：武汉理工大学出版社，2002

8　孙蓬欧编．房屋构造．北京：中国环境科学出版社，2003